普通高等教育软件工程专业"十二五"规划教材

UML 系统建模基础教程

主　编　李占波　薛均晓

副主编　刘小燕

科学出版社

北京

内 容 简 介

本书围绕统一建模语言 UML(Unified Modeling Language)和建模软件 Rational Rose 两大知识模块，介绍了 UML 的基础知识、UML 所包含的各种图形，以及 Rational Rose 软件的使用方法等内容。书中列举了大量实例，并在每章节提供了一定数量的习题，便于读者理解和掌握相关知识。

本书是一本理论知识和实际案例紧密结合的 UML 系统建模实用教程，既可以作为高等院校软件工程相关专业的教材，也可以作为软件开发人员的系统分析与设计参考用书。

图书在版编目(CIP)数据

UML 系统建模基础教程 / 李占波，薛均晓主编. —北京：科学出版社，2013

普通高等教育软件工程专业"十二五"规则教材

ISBN 978-7-03-037570-4

Ⅰ. ①U… Ⅱ. ①李… ②薛… Ⅲ. ①面向对象语言—程序设计—教材 Ⅳ. ①TP312

中国版本图书馆 CIP 数据核字(2013)第 110019 号

责任编辑：于海云 / 责任校对：宣 慧
责任印制：闫 磊 / 封面设计：迷底书装

科 学 出 版 社 出版

北京东黄城根北街 16 号
邮政编码：100717
http://www.sciencep.com

鸿文印刷厂 印刷
科学出版社发行 各地新华书店经销

*

2013 年 8 月第 一 版 开本：787×1092 1/16
2013 年 8 月第一次印刷 印张：13 1/2
字数：355 000

定价：29.00 元

(如有印装质量问题，我社负责调换)

普通高等教育软件工程专业"十二五"规划教材

编 委 会

主任委员

李占波　郑州大学软件技术学院副院长

副主任委员

车战斌　中原工学院软件学院院长
刘黎明　南阳理工学院软件学院院长
刘建华　华北水利水电大学软件学院院长
乔保军　河南大学软件学院副院长

委　　员（以姓氏笔画排序）

邓璐娟　郑州轻工业学院软件学院副院长
史玉珍　平顶山学院软件学院副院长
张永强　河南财经政法大学计算机与信息工程学院副院长
陈建辉　郑州航空工业管理学院计算机科学与应用系副主任
周文刚　周口师范学院计算机科学与技术学院副院长
郑延斌　河南师范大学计算机与信息工程学院副院长
赵素萍　洛阳师范学院信息技术学院软件工程系主任
高　岩　河南理工大学计算机科学与技术学院副院长
席　磊　河南农业大学信息与管理科学学院系主任
谭营军　河南职业技术学院信息工程系副主任
潘　红　新乡学院计算机与信息工程学院院长

前　　言

统一建模语言 UML（Unified Modeling Language）是一种用于描述、构造软件系统以及商业建模的语言，综合了在大型、复杂系统的建模领域得到认可的优秀的软件工程方法。近 10 年来，在世界范围内，UML 是面向对象技术领域内占主导地位的标准建模语言。

UML 是一种定义良好、易于表达、功能强大且普遍适用的建模语言。它融入了软件工程领域的新思想、新方法和新技术。它的作用域不限于支持面向对象的分析与设计，还支持从需求分析开始的软件开发的全过程。

本书坚持"理论够用，突出实践"的原则，书中简略介绍了面向对象的基本概念、UML 的基础知识、UML 所包含的各种图形，以及软件开发过程的概念等必要基础知识；重点讲解 UML 的使用方法。全书由一个具体案例贯穿始终，并由案例引入相关的操作和模型创建过程。同时，书中在讲解相关概念时，列举了大量实例，利用这些实例，可以帮助读者更快地掌握 UML 的基本元素和建模技巧，也能让读者学会通过 Rational Rose 开发 UML 的方法。为了帮助读者巩固所学知识，在每章节后还提供了习题。

本书分为 12 章，由李占波（郑州大学）、薛均晓（郑州大学）主编，编写人员有薛均晓、刘小燕（河南理工大学）、张宏涛（郑州大学）、陈永霞（郑州大学）和李庆宾（郑州航空工业管理学院）。李占波教授对本书的定位和总体规划提出了指导性建议，薛均晓编写了第 1 章、第 4 章、第 5 章和第 10 章，刘小燕编写了第 6 章、第 7 章、第 8 章、第 9 章和第 12 章，张宏涛编写了第 2 章，陈永霞编写了第 11 章，李庆宾编写了第 3 章，最后由薛均晓负责全书的统稿工作。

本书在编写过程中得到了科学出版社和编者所在学校的大力支持和帮助，在此表示最诚挚的感谢。由于编者水平有限，编写时间仓促，书中难免有疏漏和欠妥之处，恳请专家和广大读者批评指正。

编　者

2013 年 5 月

目　录

前言
第1章　面向对象概述···1

1.1　面向对象的含义···1

1.1.1　对象···1

1.1.2　类···2

1.1.3　消息···2

1.1.4　封装···2

1.1.5　继承···3

1.1.6　多态···3

1.2　面向对象的有效性···3

1.2.1　面向过程方法的困难···3

1.2.2　面向对象方法的有效性···4

1.3　面向对象项目开发···5

1.3.1　历史回顾···5

1.3.2　面向对象建模···6

1.3.3　面向对象编程···6

1.3.4　面向对象编程语言···7

1.3.5　面向对象系统开发过程···8

1.3.6　面向对象分析与面向对象设计·······································9

1.4　总结···10

习题···10

第2章　UML概述···12

2.1　模型与建模···12

2.1.1　软件开发模型···12

2.1.2　分析模型与设计模型··14

2.2　UML简介··15

2.2.1　UML的定义··15

2.2.2　UML发展历史···15

2.2.3　UML与软件开发···16

2.2.4　UML的模型、视图、图与系统架构建模································18

2.3　UML视图··18

2.3.1　用例视图···19

2.3.2　逻辑视图···19

2.3.3　构件视图···19

2.3.4　并发视图···19

2.3.5　部署视图···20

2.4　UML图··20

2.4.1　用例图···20

　　　2.4.2 类图 ·· 20

　　　2.4.3 对象图 ··· 21

　　　2.4.4 序列图 ··· 21

　　　2.4.5 协作图 ··· 22

　　　2.4.6 状态图 ··· 22

　　　2.4.7 活动图 ··· 23

　　　2.4.8 构件图 ··· 23

　　　2.4.9 部署图 ··· 24

　2.5 模型元素 ·· 24

　2.6 通用机制和扩展机制 ··· 25

　　　2.6.1 通用机制 ·· 25

　　　2.6.2 扩展机制 ·· 26

　2.7 UML 建模工具 ··· 27

　2.8 总结 ··· 29

　习题 ··· 29

第 3 章 UML 建模工具 Rational Rose 简介 ·································· 30

　3.1 安装 Rational Rose ··· 30

　　　3.1.1 Windows XP 系统下 Rational Rose 安装步骤 ··············· 30

　　　3.1.2 Windows 7 系统安装 Rational Rose 启动报错处理 ·········· 33

　3.2 Rational Rose 基本操作 ··· 34

　　　3.2.1 Rational Rose 启动界面与主界面 ···························· 34

　　　3.2.2 使用 Rational Rose 建模 ····································· 37

　　　3.2.3 Rational Rose 全局选项设置 ································· 39

　3.3 Rational Rose 的四种视图模型 ··· 40

　　　3.3.1 用例视图 ·· 40

　　　3.3.2 逻辑视图 ·· 42

　　　3.3.3 构件视图 ·· 44

　　　3.3.4 部署视图 ·· 45

　3.4 Rational Rose 双向工程 ·· 46

　　　3.4.1 正向工程 ·· 46

　　　3.4.2 逆向工程 ·· 47

　3.5 总结 ··· 48

　习题 ··· 48

第 4 章 用例图 ·· 50

　4.1 用例图概述 ·· 50

　4.2 用例图组成要素及表示方法 ··· 51

　　　4.2.1 参与者 ··· 51

　　　4.2.2 用例 ·· 52

　　　4.2.3 关系 ·· 53

　4.3 描述用例 ·· 55

　　　4.3.1 事件流 ··· 56

　　　4.3.2 描述用例模板 ·· 58

　4.4 用例图建模及案例分析 ··· 58

  4.4.1 创建用例图 ·· 58

  4.4.2 用例图工具箱按钮 ·· 59

  4.4.3 创建参与者与用例 ·· 60

  4.4.4 创建关系 ·· 60

  4.4.5 用例图建模案例 ·· 61

 4.5 总结 ·· 63

 习题 ··· 63

第5章 类图与对象图 ·· 65

 5.1 类图 ·· 65

  5.1.1 类图概述 ·· 65

  5.1.2 类及类的表示 ·· 65

  5.1.3 接口 ··· 69

  5.1.4 类之间的关系 ·· 70

 5.2 关联关系 ·· 70

  5.2.1 二元关联 ·· 70

  5.2.2 导航性 ·· 70

  5.2.3 标注关联 ·· 71

  5.2.4 聚合与组合 ·· 72

 5.3 泛化关系 ·· 72

  5.3.1 泛化及其表示方法 ·· 72

  5.3.2 抽象类与多态 ·· 73

 5.4 依赖关系与实现关系 ·· 75

 5.5 类图建模及案例分析 ·· 76

  5.5.1 创建类 ·· 76

  5.5.2 创建类与类之间的关系 ·· 77

  5.5.3 案例分析 ·· 78

 5.6 对象图 ·· 80

  5.6.1 对象图的组成 ·· 81

  5.6.2 类图和对象图的区别 ·· 82

  5.6.3 创建对象图 ·· 82

 5.7 总结 ·· 83

 习题 ··· 83

第6章 序列图 ·· 85

 6.1 序列图概述 ··· 85

 6.2 序列图组成要素及表示方法 ·· 86

  6.2.1 对象 ··· 86

  6.2.2 生命线 ·· 86

  6.2.3 激活 ··· 87

  6.2.4 消息 ··· 88

 6.3 序列图建模及案例分析 ·· 89

  6.3.1 创建对象 ·· 89

  6.3.2 创建生命线 ·· 92

  6.3.3 创建消息 ·· 93

  6.3.4 销毁对象 ·· 95

6.4　总结 ··· 99
习题 ··· 99

第7章　协作图 ·· 101
7.1　协作图概述 ·· 101
7.2　协作图组成要素及表示方法 ·· 102
7.2.1　对象 ··· 102
7.2.2　消息 ··· 103
7.2.3　链 ··· 105
7.3　协作图建模及案例分析 ··· 105
7.3.1　创建对象 ··· 105
7.3.2　创建消息 ··· 108
7.3.3　创建链 ·· 108
7.4　总结 ·· 110
习题 ··· 111

第8章　状态图 ·· 112
8.1　基于状态的对象行为建模 ·· 112
8.2　状态图概述 ·· 113
8.3　状态图组成要素及表示方法 ·· 114
8.3.1　状态 ··· 114
8.3.2　转换 ··· 119
8.3.3　判定 ··· 121
8.3.4　同步 ··· 121
8.3.5　事件 ··· 122
8.4　状态图建模及案例分析 ··· 124
8.4.1　创建状态图 ·· 124
8.4.2　创建初始和终止状态 ··· 125
8.4.3　创建状态 ··· 126
8.4.4　创建状态之间的转换 ··· 127
8.4.5　创建事件 ··· 127
8.4.6　创建动作 ··· 128
8.4.7　创建监护条件 ·· 129
8.5　总结 ·· 130
习题 ··· 131

第9章　活动图 ·· 132
9.1　基于活动的系统行为建模 ·· 132
9.2　活动图概述 ·· 132
9.3　活动图组成要素及表示方法 ·· 133
9.3.1　动作状态 ··· 134
9.3.2　活动状态 ··· 134
9.3.3　组合活动 ··· 134
9.3.4　分叉与结合 ·· 135
9.3.5　分支与合并 ·· 136
9.3.6　泳道 ··· 136

9.3.7 对象流 137

9.4 活动图建模及案例分析 138

9.4.1 创建活动图 138

9.4.2 创建初始和终止状态 140

9.4.3 创建动作状态 140

9.4.4 创建活动状态 140

9.4.5 创建转换 141

9.4.6 创建分叉与结合 141

9.4.7 创建分支与合并 142

9.4.8 创建泳道 142

9.4.9 创建对象流 143

9.5 总结 146

习题 146

第 10 章 构件图和部署图 148

10.1 构件图的基本概念 148

10.1.1 构件 149

10.1.2 构件图 151

10.2 部署图的基本概念 152

10.2.1 节点 152

10.2.2 部署图 154

10.3 构件图与部署图建模及案例分析 155

10.3.1 创建构件图 155

10.3.2 创建部署图 158

10.3.3 案例分析 162

10.4 总结 164

习题 164

第 11 章 软件开发方法学 166

11.1 软件开发中的经典阶段 166

11.2 传统软件开发方法学 167

11.2.1 传统软件开发方法学简介 167

11.2.2 瀑布模型 168

11.3 软件开发新方法学 169

11.3.1 什么是统一过程 RUP 169

11.3.2 RUP 的发展历程及其应用 169

11.3.3 RUP 二维模型 170

11.3.4 RUP 的核心工作流 175

11.3.5 RUP 的迭代开发模型 177

11.3.6 RUP 的应用优势和局限性 177

11.4 其他软件开发模型 178

11.4.1 喷泉模型 178

11.4.2 原型模型 179

11.4.3 XP 179

11.5 总结 180

习题 180

第 12 章　银行系统 ··· 181

12.1　需求分析 ··· 181

12.2　系统建模 ··· 181

12.2.1　创建系统用例模型 ··· 181

12.2.2　创建系统静态模型 ··· 183

12.2.3　创建系统动态模型 ··· 189

12.2.4　创建系统部署模型 ··· 202

12.3　总结 ··· 203

第1章　面向对象概述

面向对象是一种系统开发方法。在面向对象编程中，数据被封装(或绑定)到使用它们的函数中，形成一个整体称为对象，对象之间通过消息相互联系。面向对象建模与设计是使用现实世界的概念模型思考问题的一种方法。对于理解问题、与应用领域专家交流、建模企业级应用、编写文档、设计程序和数据库，面向对象模型都非常有用。

1.1　面向对象的含义

在现实世界中，一个复杂的事物往往是由许多部分组成的。例如，一辆汽车是由发动机、底盘、车身和车轮等部件组成的。当人们生产汽车时，分别设计和制造发动机、底盘、车身和车轮等，最后把它们组装在一起。组装时，各部分之间有一定联系，以便协同工作。

面向对象系统开发的思路和人们在现实世界中处理问题的思路是相似的，是基于现实世界设计与开发软件系统的方式。面向对象技术以对象为基础，使用对象抽象现实世界中的事物，以消息来驱动对象执行处理。与面向过程的系统开发不同，面对对象技术不需要一开始就使用一个主函数概括整个系统的功能，而是从问题域的各个事物入手，逐步构建整个系统。

在程序结构上，常用下面的公式表述面向过程的结构化程序：

面向过程程序=算法+数据结构

算法决定了程序的流程以及函数间的调用关系，也就是函数之间的相互依赖关系。算法和数据结构二者相互独立，分开设计。在实际问题中，有时数据是全局的，很容易超出权限范围修改数据，这意味着对数据的访问是不能控制的，也是不能预测的，如多个函数访问相同的全局数据，因为不能控制访问数据的权限，程序的测试和调试就变得非常困难。另外，面向过程的程序中主函数依赖子函数，子函数又依赖更小的子函数。这种自顶向下的模式使得程序的核心逻辑依赖外延的细节，一个小小的改动有可能带来连锁反应，进而引发依赖关系的一系列变动，这也是过程化程序设计不能很好地处理需求变化，代码重用性差的原因。在实践中，人们慢慢意识到算法和数据是密不可分的，通过使用对象将数据和函数封装(或绑定)在一起，程序中的操作通过对象之间的消息传递机制实现，就可以解决上述问题。于是就形成了面向对象的程序设计：

面向对象程序=(对象+对象+…)+消息

面向对象程序设计的任务包括两个方面：一是决定把哪些数据和函数封装在一起，形成对象；二是考虑怎样向对象传递消息，以完成所需任务。各个对象的操作完成了，系统的整体任务也就完成了。

1.1.1　对象

对象(Object)是面向对象的基本构造单元，是一些变量和方法的集合，用于模拟现实世界中的一些事物模型，如一台计算机、一个人、一本书等；也可以模拟一些虚拟的东西，如一个学号、一个编号、一个院系等。

事实上，对象是对问题域中某些事物的抽象。显然，任何事物都具有两方面特征：一是该事物的静态特征，如某个人的姓名、年龄、联系方式等，这种静态特征通常称为属性；二是该事物的动态特征，如兴趣爱好、学习、上课、体育锻炼等，这种动态特征称为操作。因此，面向对象技术中任何一个对象都应当具有两个基本要素，即属性和操作。一个对象往往是由一组属性和一组操作构成的。

1.1.2 类

为了表示一组事物的本质，人们往往采用抽象方法将众多事物归纳、划分成一些类。例如，常用的名词"人"就是一种抽象表示。因为现实世界只有具体的人，如王安、李晓、张明等。把所有国籍为中国的人归纳为一个整体，称为"中国人"，也是一种抽象。抽象的过程是将有关事物的共性进行归纳、集中的过程。依据抽象的原则进行分类，即忽略事物的非本质特征，只注意那些与当前目标有关的本质特征，从而找出事物的共性，把具有共同性质的事物划分为一类，所得出的抽象概念称为类。

在面向对象的方法中，类的定义如下。

类是具有相同属性和操作的一组对象的集合，它为属于该类的全部对象提供了统一的抽象描述。

事实上，类与对象的关系如同模具和铸件之间的关系。类是对象的抽象定义，或者说是对象的模板；对象是类的实例，或者说是类的具体表现形式。

1.1.3 消息

在面向对象系统中，要实现对象之间的通信和任务传递，采用的方法是消息传递。由于在面向对象系统中，各个对象各司其职，相互独立，要使得对象不是孤立存在的，就需要通过消息传递来使它们之间发生相互作用。通过对象之间互发消息，响应消息，协同工作，进而实现系统的各种服务功能。

消息通常由消息的发送对象、消息的接收对象、消息传递方式、消息内容(参数)、消息的返回等五部分内容组成。消息只告诉接收对象需要完成什么操作，但并不指示接收对象如何完成操作。消息接收者接收能识别的消息，并独立决定采用什么方法完成所需的操作。

1.1.4 封装

封装是指把一个对象的部分属性和功能对外界屏蔽，也就是说从外界是看不到，甚至是不可知的。例如，计算机里面有各种电子元件和电路板，但这些在外面是看不到的，在计算机的外面仅保留用户需要用到的各种按键，即计算机的外部接口。人们使用计算机的时候也不必了解计算机内部的结构和工作原理，只需要知道按键的作用，通过各个外部的按键让计算机执行相应的操作即可。

封装是一种防止相互干扰的方式。所谓封装，包含两层含义：一是将有关数据和操作封装在一个对象中，形成一个整体，各个对象之间相互对立，互不侵扰；二是将对象中某些属性和操作设置为私有，对外界隐蔽，同时保留少量接口，以便与外界联系，接收外界的消息。这样做既有利于数据安全，防止无关人员修改数据，又可以大大降低人们操作对象的复杂度。使用对象的人完全可以不必知道对象的内部细节，只需了解其外部功能即可自如操作对象。例如，如果要从朋友那里借钱，我们不会自己去翻钱包，也不关心朋友的钱是如何赚来的，只关心朋友是否借，能借多少。

1.1.5 继承

继承是指子类可以自动拥有其父类的全部属性和操作。继承可以指定类从父类中获取特性，同时添加自己的独特特性。例如，已经建立了一个"员工"类，又想另外建立一个"财务人员"类和"销售人员"类，而后两个类与"员工"类的内容基本相同，只是在"员工"类的基础上增加一些属性和操作，显然，不必重新设计一个新类，只需在"员工"类的基础上添加部分新内容。继承简化了对现实世界的描述工作，大大提高了软件的重用性。

1.1.6 多态

同一条消息被不同的对象接收到时可能产生完全不同行为，这就是多态性。多态性支持"同一接口，多种方法"的面向对象原则，使高层代码只写一次而在低层可以多次复用。

实际上，在现实生活中可以看到许多多态性的例子。例如，学校发布一条消息：8月25日新学期开学。不同的对象接收到该条消息后会作出不同的反应：学生要准备好开学上课的必需物品，教师要备好课，教室管理人员要打扫干净教室，准备好教学设施和仪器，宿舍管理人员要整理好宿舍等。显然，对于同一条消息，不同的接收对象作出了不同的反应，这就是多态性。可以设想，如果没有多态性，那么学校就要分别给学生、教师、教室管理人员和宿舍管理人员等许多不同对象分别发开学通知，分别告知需要做的具体工作，显然这是一件非常复杂的事情。有了多态性，学校在发消息时，不必逐一考虑各种类型人员的特点，而不断发送各种消息，只需要发送一条消息，各种类型人员就可以根据学校事先安排的工作机制有条不紊地工作。

从编程角度看，多态提升了代码的可扩展性。编程人员利用多态性，可以在少量修改甚至不修改原有代码的基础上，轻松加入新的功能，使代码更加健壮，易于维护。

1.2　面向对象的有效性

1.2.1　面向过程方法的困难

面向过程方法认为客观世界是由一个个相互关联的小系统组成的，各个小系统依据严密的逻辑组成，环环相扣，井然有序。面向过程方法还认为每个小系统都有着明确的开始和明确的结束，开始和结束之间有着严谨的因果关系。只要将这个小系统中的每个步骤和影响这个小系统走向的所有因素都分析出来，就能完全定义这个系统的行为。所以如果要分析问题，并用计算机来解决问题，首要的工作是将过程描绘出来，把因果关系都定义出来；再通过结构化的设计方法，将过程进行细化，形成可以控制的、范围较小的部分。通常，面向过程的分析方法是找到过程的起点，然后顺藤摸瓜，分析每个部分，直至到达过程的终点。这个过程中的每一部分都是过程链上不可分割的一环。事实上，面向过程方法是一种"自顶向下，逐步细分"的解决问题方法。

在面向过程方法中，计算机解决问题的过程中每一步都会产生、修改或读取一部分数据。每个环节完成后，数据将顺着过程链传递到下一部分。当需要的最终结果在数据中反映出来，即达到预期状态的时候，过程就结束了。显然，数据对于问题的解决至关重要。为了更好地管理数据，不至于让系统运行紊乱，人们通过定义主键、外键等手段将数据之间的关系描绘出来，结构化地组织它们。然而随着需求越来越复杂，系统越来越庞大，功能点越来越多，一份数据经常被多个过程共享，这些过程对同一份数据的创建和读取要求越来越复杂和多样，经常出现相矛盾的数据需求，因此分析和设计也变得越来越困难。同时，这种步步分析的过程分析方法要求过程中的每一步都是预设好的，有着严谨的因果关系。然而，客观世界从来都不是一成不变的，尤其到了信息时代，外部世界无时无刻不在发生着变化，系统所依赖的因果关系变得越来越脆弱。显然，客观世界的复杂性和频繁变革已经不是面向过程可以轻易应付得了。

1.2.2　面向对象方法的有效性

不同于面向过程方法，面向对象程序设计是一种自下而上的程序设计方法，往往从问题的一部分着手，一点一点地构建出整个程序。面向对象设计以数据为中心，类作为表现数据的工具，成为划分程序的基本单位。面向对象是把构成问题事务分解成各个对象，建立对象不是为了完成一个步骤，而是为了描叙某个事物在整个解决问题的步骤中的行为。

使用计算机解决问题首要先对现实世界进行抽象描述，现实世界中的情况非常复杂，由独立的事物组成，每个事物按照最简单的独立方式对应事件，但是在众多大型事物即刻交互的时候，很难进行预测。这种任务使用面向过程方法难以编程。因为使用面向过程方法基于如下假设：程序结构控制执行流程。所以对于使用过程程序处理上述任务，必须有独立的例程测试或响应为数众多的变化条件。该问题的解决方案是按照问题自身的相似方式构建程序，作为独立的软件事物集合，每个元素都是待抽象的现实世界系统的一个对象。这样就解决了应用域模型和软件域模型之间的冲突，从而将劣势转换为优势。

另一方面，图形用户界面(GUI)在 20 世纪 80 年代和 90 年代的快速普及对现代开发方法提出了特殊的困难。GUI 引入了之前将仿真编程引入主流商业应用中遇到的问题。因为展示给 GUI 用户的是计算机显示屏上高度视觉化的界面，一次性提供很多选项操作，每一种选项都可以通过单击鼠标实现。通过下拉菜单、列表框和其他对话框技术，很多其他的选项也可以通过两次或三次单击鼠标实现。界面开发者自然会探索新技术带来的机遇。结果是，现在系统设计者几乎不可能预测用户通过系统界面执行的任何可能的任务。这意味着计算机应用程序现在很难以过程方式进行设计或控制。面向对象为设计软件提供了自然而然的方法，软件的每一个组件都提供了明确的服务，而这些服务可以被系统的其他部分通过任务序列或控制流独立使用。

在面向对象系统中，信息隐藏表明类有两种定义。外在地，类可以根据接口定义。其他的对象(以及程序员)只需要知道类对象能提供的服务，以及用于请求服务的签名即可。内在地，类可以根据知道的和完成的事情定义，但是只有类的对象(以及程序员)需要知道内部定义的详情。遵循以下思路：面向对象的系统可以被构建，以便每一部分的实现基本上独立于其他部分的实现。这就是模块化的思想，并且有助于解决信息系统开发中最棘手的一些问题。在第 2 章，介绍这些问题包括在开发过程期间和之后需求的改变。模块化的方法可以提供多种方式解决这些问题。按照模块化方式构建的系统易于维护，子系统的改变很可能会对系统的其他部分产生不可预测的影响。基于同样的原因，更新模块化的系统也更加简单。只要替换之前的模块，根据规范采用新的模块，就不会对其他模块产生影响。构建可靠的系统更加容易。子系统可以被单独完整地测试多次，而在之后系统集成的时候，需要解决的问题就会少得多。模块化系统可以被开发为小型可管理的增量。假定每一个增量被设计用来提供有用且前后一致的功能包，就可以依次进行部署。

1.3 面向对象项目开发

1.3.1 历史回顾

针对日趋复杂的软件需求的挑战，软件业界发展出了面向对象的软件开发模式。目前作为针对"软件危机"的最佳对策，面向对象技术已经引起人们的普遍关注。最初被多数人看成只是一种不切实际的方法和满足一时好奇心的研究，现在得到了人们近乎狂热的追求。许多编程语言都推出了支持面向对象的新版本。大量的面向对象的开发方法被提出来。关于面向对象的会议、学术研讨班和课程极受欢迎。无数专业的学术期刊都为这一话题开辟了专门的版面。一些软件开发合同甚至也指明了必须使用面向对象的技术和语言。面向对象的软件开发对于 20 世纪 90 年代，就像结构化的软件开发对于 20 世纪 70 年代那样让人着迷，而且面向对象的发展势头还在日益加速。

如"对象"和"对象的属性"这样的概念，可以追溯到 1950 年初。它们首先出现在关于人工智能的早期著作中。然而，面向对象的实际发展却始于 1966 年。当时 Kisten Nygaard 和 Ole-Johan Dahl 开发了具有更高级抽象机制的 Simula 语言。Simula 提供了比子程序更高一级的抽象和封装；为仿真一个实际问题，引入了数据抽象和类的概念。大约在同一时期，Alan Kay 正在尤他大学的一台个人计算机上努力工作，他希望能实现图形化和模拟仿真。尽管由于软硬件的限制，Kay 的尝试没有成功，但他的这些想法并没有丢失。20 世纪 70 年代初，他加入了 Palo Alto 研究中心(PARC)，再次将这些想法付诸实践。

在 PARC，他所在的研究小组坚信计算机技术是改善人与人、人与机器之间通信渠道的关键。在这信念的支持下，并吸取了 Simula 的类的概念，他们开发出 Smalltalk 语言；1972 年 PARC 发布了 Smalltalk 的第一个版本。大约在此时，"面向对象"这一术语正式确定。Smalltalk 被认为是第一个真正面向对象的语言。Smalltalk 的目标是使软件设计能够以尽可能自动化的单元进行。在 Smalltalk 中一切都是对象，即某个类的实例。最初的 Smalltalk 世界中，对象与名词紧紧相连。Smalltalk 还支持一个高度交互式的开发环境和原型方法。这一原创性的工作开始并未发表，只是被当成带浓厚试验性质的学术兴趣而已。

Smalltalk-80 是 PARC 的一系列 Smalltalk 版本的总结，发布于 1981 年。1981 年 8 月的 *BYTE* 期刊公布了 Smalltalk 开发组的重要结果。在该期刊的封面上，一个热气球正从一个孤岛上冉冉升起，标志着 PARC 的面向对象思想的启航，该是向软件开发界公开发表的时候了。起初，影响只是渐进式的，但很快就跃升到火爆的程度。热气球确实启航了，而且影响深远。早期 Smalltalk 关于开发环境的研究导致了后来的一系列进展：窗口(window)、图标(icon)、鼠标(mouse)和下拉式窗口环境。Smalltalk 语言还影响了 20 世纪 80 年代早期和中期的面向对象语言，如 Object-C(1986 年)、C++(1986 年)、Self(1987 年)、Eiffl(1987 年)、Flavors(1986 年)。面向对象的应用领域也被进一步拓宽。对象不仅与名词相连，还包括事件和过程。1980 年 Grady Booch 首先提出面向对象设计(OOD)的概念。然后其他人紧随其后，面向对象分析的技术开始公开发表。1985 年，第一个商用面向对象数据库问世。20 世纪 90 年代，面向对象的分析、测试、度量和管理等研究都得到了长足发展。目前，对象技术的前沿课题包括设计模式(design pattern)、分布式对象系统和基于网络的对象应用等。

1.3.2　面向对象建模

面向对象建模是一种新的思维方式，一种关于计算和信息结构化的新思维。面向对象建模把系统看做相互协作的对象，这些对象是结构和行为的封装，都属于某个类，且该类具有某种层次化的结构。系统的所有功能通过对象之间相互发送消息来获得。面向对象的建模可以看成一个包含以下元素的概念框架：抽象、封装、模块化、层次、分类、并行、稳定、可重用和可扩展性。

面向对象建模的出现并不能算是一场计算革命。更恰当地讲，它是面向过程和严格数据驱动的软件开发方法的渐进演变结果。软件开发的新方法受到来自两个方面的推动：编程语言的发展和日趋复杂的问题域的需求驱动。尽管在实际中分析和设计在编程阶段之前进行，但从发展历史看却是编程语言的革新带来设计和分析技术的改变。同样，语言的演变也是对计算机体系的增强和需求的日益复杂的自然响应。

影响面向对象产生的因素中，最重要的可能要算编程方法的进步了。在过去的几十年中，编程语言对抽象机制的支持已经发展到了一个较高的水平。这种抽象的进化从地址(机器语言)到名字(汇编语言)，到表达式(第一代高级语言，如 Fortran)，到控制(第二代高级语言，如 Cobol)，到过程和函数(第二代和早期第三代高级语言，如 Pascal)，到模块和数据(晚期第三代高级语言，如 Modula)，最后到对象(基于对象和面向对象的语言)。Smalltalk 和其他面向对象语言的发展使得新的分析和设计的技术实现成为可能。

这些新的面向对象的技术实际上是结构化和数据库方法的融合。面向对象的方法中，小范围内对面向数据流的关注，如耦合和聚合，也是很重要的。同样，对象内部的行为最终也需要面向过程的设计方法。数据库技术中的实体-关系(ER 图)的数据建模思想也在面向对象的方法中体现。

计算机硬件体系结构的进步，性能价格比的提高和硬件设计中对象概念的引入都对面向对象的发展产生了一定的影响。面向对象的程序通常要更加频繁地访问内存，需要更高的处理速度。它们需要并且也正在利用强大的计算机硬件功能。哲学和认知科学的层次和分类理论也促进了面向对象的产生和发展。最后，计算机系统不断增长的规模、复杂度和分布性都对面向对象技术起了或多或少的推动作用。

因为影响面向对象发展的因素很多，面向对象技术本身还不成熟，所以在思想和术语上有很多不同的提法。所有的面向对象语言并非平等的，它们在术语、概念的运用上也各不相同。尽管也存在统一的趋势，但就如何进行面向对象的分析、设计，还没有完全达成共识，更没有统一的符号描述这些活动。(说明：UML 正在朝这方向努力。)但是，面向对象的开发已经在以下领域被证明是成功的：空中交通管理、动画设计、银行、商业数据处理、命令和控制系统、CAD、CIM、数据库、专家系统、图像识别、数学分析、音乐合成、操作系统、过程控制、空间站软件、机器人、远程通信、界面设计和 VLSI 设计。毫无疑问，面向对象技术的应用已经成为软件工业发展的主流。

1.3.3　面向对象编程

在面向对象编程中，程序被看成相互协作的对象集合，每个对象都是某个类的实例，所有的类构成一个通过继承关系相联系的层次结构。面向对象语言常常具有以下特征：对象生成功能、消息传递机制、类和遗传机制。这些概念当然可以并且也已经在其他编程语言中单独出现，但只有在面向对象语言中，它们才共同出现，以一种独特的合作方式互相协作、互相补充。

面向对象系统中，功能是通过与对象的通信获得的。对象可以被定义为一个封装了状态和行为的实体；或者说是数据结构(或属性)和操作。状态实际上是为执行行为而必须存于对象之中的数据、信息。对象的界面也可称为协议，是一组对象能够响应的消息的集合。消息是对象通信的方式，因此也是获得功能的方式。对象受到发给他的消息后，或者执行一个内部操作(有时成为方法或过程)，或者再去调用其他对象的操作。所有对象都是类的实例。类是具有相同特点的对象的集合，或者也可以说，类是可用于产生对象的一个模板。对象响应一个消息而调用的方法，由接受该消息的对象自己决定。类可以以一种层次结构来安排。在这个层次结构中，子类可以从比它高的超类中继承得到状态和方法。当对象接收到一个消息后，寻找相应的方法的过程将在从该对象的类开始，并在该类所处的层次结构中展开，直到找到该方法，或者什么也没找到(将会报错)。在某些语言中，一个给定的类可以从不止一个超类中继承，称为多继承。如果采用动态联编，继承就导致了多态性。多态性描述如下现象：如果几个子类都重新定义了超类的某个函数(都用相同的函数名)，当消息被发送到一个子类对象时，在执行时该消息会由于子类确定的不同而解释为不同的操作。方法也可以包括在超类的界面中被子类继承，而实际上并不真正定义。这样的超类也叫抽象类。抽象类不能被实例化，因此也就只能被用于产生子类。

1.3.4　面向对象编程语言

面向对象编程语言包含四个基本的分支。

(1)基于 Smalltalk 的。包括 Smalltalk 的五个版本，以 Smalltalk-80 为代表。

(2)基于 C 的。包括 Objective-C，C++，Java。

(3)基于 LISP 的。包括 Flavors，XLISP，LOOPS，CLOS。

(4)基于 PASCAL 的。包括 Object Pascal，Turbo Pascal，Eiffel，Ada 95。

Simula 实际上是所有这些语言的基础。在这些面向对象语言中，术语的命名和支持面向对象的能力都有不同程度的差别。尽管 Smalltalk-80 不支持多继承，它仍被认为是最面向对象的语言(the truest Object oriented language)。

在基于 C 的面向对象编程语言中，Object-C 是 Brad Cox 开发的，它带有一个丰富的类库，已经被成功用于大型系统的开发。C++是由贝尔实验室的 Bjarne Stroustrup 编写的。它将 C 语言中的 STRUCT 扩展为具有数据隐藏功能的 CLASS。多态性通过虚函数(Virtual Function)实现。C++2.0 支持多继承。在多数软件领域，尤其是 UNIX 平台上，C++都是首选的面向对象编程语言。同 C 和 C++相类似的新一代基于 Internet 的面向对象语言 Java 是由 Sun Microsystems 研制的。它于 1995 年伴随着 Internet 的崛起而风靡一时。用 Java 写的 applets 可以嵌入 HTML 中被解释执行，这使它具备了跨平台特性。Java 和 Ada 一样支持多线程和并发机制，又像 C 一样简单、便携。

基于 LISP 的语言，多被用于知识表达和推理的应用中。其中 CLOS(Common LISP Object System)是面向对象 LISP 的标准版。

在基于 Pascal 的语言中，Object Pascal 是由 Apple 和 Niklaus Wirth 为 Macintosh 开发的，它的类库是 MacApp。Turbo Pascal 是 Borland 公司以 Object Pascal 为范本开发的。

Eiffel 由交互软件工程公司的 Bertrand Meyer 于 1987 年发布。它的语法类似 Ada，运行于 UNIX 环境。Ada 在 1983 年刚出来时并不支持继承和多态性，因此不是面向对象的。到了 1995 年，一个面向对象的 Ada 终于问世，这就是 Ada 95。

除了上述的面向对象的语言，还有一些语言被认为是基于对象(Object-based)的。它们是 Alphard、CLU、Euclid、Gypsy、Mesa、Modula。

1.3.5 面向对象系统开发过程

众所周知，编码并非软件开发中问题的主要来源。相比之下，需求和分析的问题更加普遍，而且它们的纠错代价更加昂贵。因此，对面向对象开发技术的关注就不能仅集中在编码上面，更应集中关心系统开发的其他方面。目前最常见的生命周期是"瀑布"模型(结构化)。它是在 20 世纪 60 年代末"软件危机"后出现的第一个生命周期模型。如图 1-1 所示。

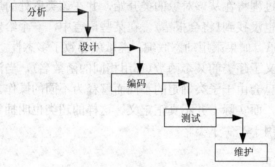

图 1-1　瀑布开发模型

瀑布式生命周期的开发过程包括以下几部分。

(1)面向对象分析(Object Oriented Analysis，OOA)。

软件工程中的系统分析阶段，系统分析员要和用户结合在一起，对用户的需求做出精确的分析和明确的描述，从宏观的角度概括系统应该做什么，而不是怎么做。面向对象的分析，要按照面向对象的概念和方法，在对任务的分析中，从客观存在的事物和事物之间的关系，归纳出有关的对象(包括对象的属性和行为)以及对象之间的联系，并将具有相同属性和行为的对象用一个类表示。建立一个能反映真实工作情况的需求模型。在这个阶段所形成的模型是比较粗略的。

(2)面向对象设计(Object Oriented Design，OOD)。

根据面向对象分析阶段形成的需求模型，对每一部分分别进行具体的设计，首先是进行类的设计，类的设计可能包含多个层次(利用继承与派生)。然后以这些类为基础提出程序设计的思路和方法，包括对算法的设计。在设计阶段，并不牵涉某一种具体的计算机语言，而是用一种更通用的描述工具(如伪代码或流程图)描述。

(3)面向对象编程(Object Oriented Programming，OOP)。

根据面向对象设计的结果，用一种计算机语言把它写成程序，显然应当选用面向对象的计算机语言，否则是无法实现面向对象设计的要求的。

(4)面向对象测试(Object Oriented Test，OOT)。

在写好程序后交给用户使用前，必须对程序进行严格的测试。测试的目的是发现程序中的错误并改正它。面向对象测试是用面向对象的方法进行测试，以类作为测试的基本单元。

(5) 面向对象维护 (Object Oriented Soft Maintenance，OOSM)。

正如对任何商品都需要进行售后服务和维护一样，软件在使用中也会出现一些问题，或者软件商想改进软件的性能，这就需要修改程序。由于使用了面向对象的方法开发程序，使得程序的维护比较容易。因为对象的封装性，修改一个对象对其他对象影响很小。利用面向对象的方法维护程序，大大提高了软件维护的效率。

如果所处理的是一个较简单的问题，可以不必严格按照以上五个阶段进行，往往由程序设计者按照面向对象的方法进行程序设计，包括类的设计和程序的设计。

1.3.6 面向对象分析与面向对象设计

由于面向对象的技术还比较新，目前存在许多种面向对象的分析和设计方法。面向对象的分析 (OOA) 建立在以前的信息建模技术的基础之上，可以定义为一种以从问题域词汇中发现的类和对象的概念考察需求的分析方法。OOA 的结果是一系列从问题域导出的"黑箱"对象。OOA 通常使用"剧情 (Scenario)"帮助确定基本的对象行为。一个剧情是发生在问题域的一个连续的活动序列。在对一个给定的问题域进行 OOA 时，"框架"(Framework) 的概念非常有用。框架是应用或应用子系统的骨架，包含一些具体或者抽象的类。或者说，框架是一个特定的层次结构，包含描述某一问题域的抽象父类。当下流行的所有的 OOA 方法的一个缺点就是它们都缺乏一种固定的模式 (formality)。

在面向对象的设计阶段，焦点从问题空间转移到了解空间。OOD 是一种包含对所设计系统的逻辑的和物理的过程描述，以及系统的静态和动态模型的设计方法。

在 OOA 和 OOD 中，都存在着对重用性的关注。目前，面向对象技术的研究人员正在尝试定义"设计模式"这一概念。它是一种可重用的"财富"，可以应用于不同的问题域。通常，设计模式是指一种多次出现的设计结构或解决方案。如果对它们进行系统的归类，即可被重用，可以构成不同设计之间通信的基础。

OOD 技术实际上早于 OOA 技术而出现。目前在 OOA 和 OOD 已经很难画出一条清晰的界限。因此，下面的描述给出一些常用的 OOA/OOD 技术的 (联合) 概貌。

Meyer 用语言作为表达设计的工具。

Booch 的 OOD 技术扩展了他以前在 Ada 方面的工作。他采用一种"反复综合 (Round-Trip Gestalt)"的方法，包括识别对象，识别对象的语义，识别对象之间的关系，实施，同时包含一系列迭代。Booch 最先使用类图、类分类图、类模板和对象图描述 OOD (1991)。

Wrifs-Brock 的 OOD 技术是由职责代理驱动的。类职责卡 (Class Responsibilities Card) 被用来记录负责特定功能的类。在确定了类及其职责之后，再进行更详细的关系分析和子系统的实施 (1990)。

Rumbaugh 使用三种模型描述一个系统：①对象模型，描述系统中对象的静态结构；②动态模型，描述系统状态随时间变化的情况；③功能模型，描述系统中各个数据值的转变。对象图、状态转换图和数据流图分别被用于描述这三个模型。

Coad 和 Yourdon 采用以下的 OOA 步骤确定一个多层面向对象模型 (五个层次)：找出类和对象、识别结构和关系、确定主题、定义属性、定义服务。五个步骤分别对应模型的五个层次，即类和对象层、主题层、结构层、属性层和服务层。他们提出的 OOD 方法既是多层次的又是多方面的 (Multicomponent)。层次机构和 OOA 一样。多方面包括问题域、人与人的交互、任务管理和数据管理。

Ivar Jacobson 提出了 Objectory 方法（或 Jacbson 法），一种他在瑞典 Objective 系统中开发的面向对象软件工程方法。Jacbson 的方法特别强调了 Use Case 的使用。Use Case 成为分析模型的基础，用交互图（Interaction Diagram）进一步描述后就形成设计的模型。Use Case 同时也驱动测试阶段的测试工作。到目前，Jacbson 法是最为完整的工业方法。

以上所述的方法还有许多变种，本书不再一一列出。近年来，随着各种方法的演变，它们之间也互相融合。1995 年，Booch、Rumbaugh 和 Jacbson 合作提出了第一版的统一建模语言（Unified Modelling Language，UML）（目前已经成为面向对象建模语言的事实标准）。

当组织向面向对象的开发技术转向时，支持软件开发的管理活动也必然要有所改变。承诺使用面向对象技术即意味着要改变开发过程、资源和组织结构（Goldberg，1995）。面向对象开发的迭代、原型以及无缝性消除了传统开发模式不同阶段之间的界限。新的界限必须被重新确定。同时，一些软件测度的方法也不再适用了。"代码行数"（Lines of Code，LOC）绝对过时了。重用类的数目、继承层次的深度、类与类之间关系的数目、对象之间的耦合度、类的个数以及大小显得更有意义。在面向对象的软件测度方面的工作还是相当新的，但也已经有了一些参考文献。

资源分配和人员配置都需要重新考虑。开发小组的规模逐步变小，擅长重用的专家开始逐渐受到关注。重点应该放在重用而非 LOC 上。重用的真正实现需要一套全新的准则。在执行软件合同的同时，库和应用框架也必须建立起来。长期的投资策略以及对维护这些可重用财富的承诺和过程，变得更加重要。

至于软件质量保证，传统的测试活动仍是必需的，但它们的计时和定义必须有所改变。例如，将某个功能"走一遍"将牵涉激活一个剧情，一系列对象互相作用，发送消息，实现某个特定功能。测试一个面向对象系统是另一个需要进一步研究的课题。发布一个稳定的原型需要不同于以往控制结构化开发的产品的配置管理。

另一个管理方面要注意的问题是有合适的工具支持。一个面向对象的开发环境是必需的。同时还需要一个类库浏览器、一个渐增型编译器、支持类和对象语义的调试器、对设计和分析活动的图形化支持和引用检查、配置管理和版本控制工具以及一个像类库一样的数据库应用。

除非面向对象开发的历史足以提供有关资源和消耗的数据，否则成本估算也是一个问题。计算公式中应该加入目前和未来的重用成本。最后，管理也必须明白在向面向对象方法转变的过程中要遇到的风险。如消息传递、消息传递的爆炸增长、动态内存分配和释放的代价。还有一些起步风险，如对合适的工具、开发战略的熟悉，以及适当的培训，类库的开发等。

1.4 总　　结

本章介绍了面向对象的基本概念、重要特性以及有效性，并结合系统项目开发，介绍了面向对象软件开发过程等内容。希望通过这一章的学习，读者能够理解并掌握对象、类、消息、封装、继承和多态等概念，了解面向对象系统开发的过程，经典阶段，同时理解面向对象分析和设计的含义及目的，为学习统一建模语言（UML）打下基础。

习　　题

1. 填空题

(1)面向过程程序可以用公式_____描述。

(2)_____面向对象程序的基本构造块。

(3)对象都应当具有两个基本要素，即_____和_____。

2. 选择题

(1)封装是将对象的(　　)结合在一起，形成一个整体。

A. 属性和操作　　　　B. 消息和事件　　　　C. 名称和消息　　　　D. 数据集

(2) (　　)可以指定类从父类中获取特性，同时添加自己的独特特性。

A. 继承　　　　　　B. 约束　　　　　　C. 映射　　　　　　D. 多态

3. 简答题

(1)比较面向过程方法和面向对象方法，并说明面向对象方法的有效性。

(2)面向对象系统开发过程包含哪些经典阶段？

第 2 章　UML 概述

UML 是一种建模语言，是为面向对象开发系统的产品进行说明可视化和编制文档的建模方法。在面向对象编程中，数据被封装(或绑定)到使用它们的函数中，形成一个整体，称为对象，对象之间通过消息相互联系。面向对象建模与设计是使用现实世界的概念模型思考问题的一种方法。对于理解问题、与应用领域专家交流、建模企业级应用、编写文档、设计程序和数据库，面向对象模型都非常有用。

UML 是由面向对象领域的三位著名的方法学家 Grady Booch，James Rumbaugh 和 Ivar Jacobson 提出的。UML 得到了工业界的广泛支持，并由对象管理组织(Object Management Group，OMG)采纳作为业界标准。UML 的应用领域很广泛，它可以用于商业建模(Business Modeling)，软件开发建模的各个阶段，也可以用于其他类型的系统。它是一种通用的建模语言，具有创建系统的静态结构和动态行为等多种结构模型的能力。UML 本身并不复杂，它具有可扩展性和通用性，适合各种多变的系统建模。

2.1　模型与建模

2.1.1　软件开发模型

模型在软件开发中的使用非常普遍。软件开发通常按以下方式进行：一旦决定建立一个新的系统，就要写一个非正式的描述说明软件应该做什么，这个描述称为需求说明书(Requirements Specification)，通常是经过与系统未来的用户磋商制定的，并且可以作为用户和软件供应商之间正式合同的基础。

完成后的需求说明书移交给负责编写软件的程序员或者项目组，他们会相对隔离地根据说明书编写程序。如果幸运，结果程序能够按时完成，不超出预算，而且能够满足最初方案目标用户的需要。但不幸的是在许多情况下，事情并不是这样。

许多软件项目的失败引发了人们对软件开发方法的研究，试图了解项目失败的原因，结果得到了许多对如何改进软件开发过程的建议。这些建议通常以过程模型的形式，描述了开发所涉及的多个活动及其应该执行的次序。

过程模型可以用图解的形式表示。例如，图 2-1 表示一个非常简单的过程，直接从系统需求开始编写代码，没有中间步骤。图中除了圆角矩形表示的过程，还显示了过程中每个阶段的产物。如果过程中的两个阶段顺次进行，一个阶段的输出通常就作为下一个阶段的输入，如虚线箭头所示。

开发初期产生的需求说明书可以采取多种形式。书面的说明书可以是所需系统的非常不正规的概要轮廓，也可以是非常详细、井井有条的功能描述。在小规模的开发中，最初的系统描述甚至可能不会写下来，而只是程序员对需要什么的非正式的理解。在有些情况下，可能会和未来的用户一起合作开发一个原型系统，成为后续开发工作的基础。上面所述的所有可能性都包括在"需求说明书"这个一般术语中，但并不意味着只有书面的文档才能够作为后继开发工作的起点。还要注意的是，图 2-1 没有描述整个软件生命周期。一个完整的项目计划还应该提供项目管理、需求分析、质量保证和维护等关键活动。

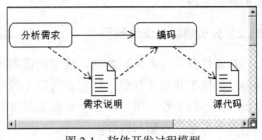

图 2-1　软件开发过程模型

单个程序员在编写简单的小程序时几乎不需要比图 2-1 更多的组织开发过程。有经验的程序员在写程序时会很清楚程序的数据和子程序结构，如果程序的行为不是预期的那样，他们能够直接对代码进行必要的修改。在某些情况下，这是完全适宜的工作方式。

然而，对比较大的程序，尤其是如果不止一个人参与开发时，在过程中引入更多的结构通常是必要的。软件开发不再是单独的自由的活动，而是分割为多个子任务，每个子任务一般都涉及一些中间文档资料的产生。

图 2-2 描述的是一个比图 2-1 稍复杂的软件开发过程模型。在这种情况下，程序员不再只是根据需求说明书编写代码，而是先创建一个结构图，表示程序的总体功能如何划分为一些模块或子程序，并说明这些子程序之间的调用关系。

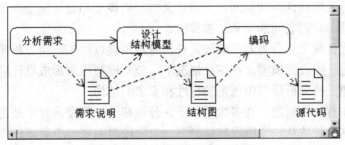

图 2-2　稍复杂的软件开发过程模型

这个过程模型表明，结构图以需求说明书中包含的信息为基础，说明书和结构图在编写最终代码时都要使用。程序员可以使用结构图使程序的总体结构清楚明确，并在编写各个子过程的代码时参考说明书核对所需功能的详细说明。

在开发一个软件期间所产生的中间描述或文档称为模型。图 2-2 中给出的结构图在此意义上即模型的一个例子。模型展现系统的一个抽象视图，突出了系统设计的某些重要方面，如子程序和它们的关系，而忽略了大量的低层细节，如各个子程序代码的编写。因此，模型比系统的全部代码更容易理解，通常用来阐明系统的整体结构或体系结构。上面的结构图中包含的子程序调用结构就是结构的一个例子。

随着开发系统规模的增大、复杂化以及开发组人数的增加，需要在过程中引入更多的规定。这种复杂性的增加的一个外部表现就是在开发期间使用了更广泛的模型。实际上，软件设计有时就定义为构造一系列模型，这些模型越来越详细地描述了系统的重要方面，直到获得对需求的充分理解，能够开始编程。

因此，使用模型是软件设计的中心，它具有两个重要的优点，有助于处理重大软件开发中的复杂性。第一，将系统作为整体理解可能过于复杂，模型则提供了对系统重要方面的简明描述。第二，模型为开发组的不同成员之间以及开发组和外界如客户之间提供了一种有价值的通信手段。

2.1.2 分析模型与设计模型

在软件开发进入编码之前，通常用模型帮助理解系统所针对的应用领域。这些模型通常称为分析模型和设计模型，如上面所讨论的结构图。这两类模型可以通过这样的事实区分：分析模型不同于设计模型，它不涉及要开发的系统的任何特性，而是力求捕捉"现实世界"中的业务的某些方面和特性。

总之，分析模型和设计模型满足相同的需要并带来同样的益处。它们支持的或与之相互作用的软件系统和现实世界系统往往都非常复杂，千头万绪。为了管理这种复杂性，系统的描述需要着重于结构而非细节，并要提供系统的一个抽象视图。这个抽象视图确切的特性将依赖它产生的目的，而且通常需要多个这样的视图或模型为系统提供一个足够的全景。

典型地，分析模型描述应用中处理的数据和处理数据的各种过程。在传统的分析方法中，这些模型用图表示，如逻辑数据模型和数据流图。值得注意的是使用分析模型描述业务过程，早于并且独立于这种过程的计算机化，例如，组织结构图和说明特定生产过程的示意图在商业和工业中已经使用了相当长的时间。

在开发任何有效的软件系统期间，上面定义的分析模型和设计模型很可能都要产生。这就引出了一个问题：它们之间的关系是怎样的？

软件开发过程传统上划分为若干阶段。分析阶段最终以产生一组分析模型结束，随后是设计阶段，它产生一组设计模型。在这种情况下，分析模型用来形成设计阶段的输入，设计阶段的任务是创建支持分析模型中规定的特性和要求的结构。

这样划分工作有一个问题，在多数情况下，分析和设计模型产物中使用的是完全不同的语言和表示法，这就导致从一个阶段转移到下一个阶段时需要一个翻译过程，分析模型中包含的信息必须用设计模型要求的表示法重新阐述。

显然，这里存在一个危险，就是这个过程容易出错，而且浪费。问题是，如果在开发过程中剩余的阶段要用设计模型取代分析模型，那么为什么还特意创建一个分析模型呢？而且，如果两种模型之间存在表示法上的差异，就难以肯定分析模型中包含的全部信息都准确地提取并且用设计表示法表示。

面向对象技术的一个承诺就是，通过对分析和设计使用同样的模型和建模概念消除这些问题。按照这种设想，分析和设计模型之间任何明显的差别将会消除。显然，设计模型包含分析模型中未表现的低层细节，但希望分析模型的基本结构在设计模型中能够保持并且可以直接识别。

分析和设计使用相同建模概念的一个后果是这两个阶段之间的区别变模糊了。这个转变最初的动机是希望软件开发能够视为一个"无缝"的过程：分析将标识现实世界系统中的有关对象，并在软件中直接表示这些对象。从这个观点看，设计基本上就是向基础的分析模型中加入详尽的实现细节，分析模型在整个开发过程中将保持不变。

2.2　UML 简介

2.2.1　UML 的定义

UML 是一些早期面向对象建模语言的统一。UML 的三个主要设计师 Grady Booch，James Rumbaugh 和 Ivar Jacobson 在 UML 出现之前都曾经发表过他们各自的方法，通过将这三种方法的深入理解结合为一体，并发展可用的普遍公认的统一表示法促进面向对象技术的传播，就产生了 UML。

UML 是一种图形化建模语言，它是面向对象分析与设计模型的一种标准表示。UML 的目标如下：

(1) 易于使用，表达能力强，进行可视化建模；

(2) 与具体的实现无关，可应用于任何语言平台和工具平台；

(3) 与具体的过程无关，可应用于任何软件开发的过程；

(4) 简单并且可扩展，具有扩展和专有化机制，便于扩展，无需对核心概念进行修改；

(5) 为面向对象的设计与开发中涌现出的高级概念(如协作、框架、模式和组件)提供支持强调在软件开发中对架构框架模式和组件的重用；

(6) 与最好的软件工程实践经验集成；

(7) 可升级具有广阔的适用性和可用性；

(8) 有利于面向对象工具的市场成长。

需要说明的是，UML 不是一种可视化的程序设计语言，而是一种可视化的建模语言；UML 不是工具或知识库的规格说明，而是一种建模语言规格说明，是一种表示的标准；UML 不是过程，也不是方法，但允许任何一种过程和方法使用它。

2.2.2　UML 发展历史

从 20 世纪 80 年代初期开始众多的方法学家都在尝试用不同的方法进行面向对象的分析与设计。有少数几种方法开始在一些关键性的项目中发挥作用，包括 Booch、OMT、Shlaer/Mellor、Odell/Martin、RDD、OBA 和 Objectory。到了 20 世纪 90 年代中期出现了第二代面向对象方法，著名的有 Booch'94、OMT 的延续以及 Fusion 等。此时面向对象方法已经成为软件分析和设计方法的主流。这些方法所做的最重要的尝试是在程序设计艺术与计算机科学之间寻求合理的平衡，进行复杂软件的开发。

由于 Booch 和 OMT 方法都已经独自成功地发展成为世界上主要的面向对象方法，因此 James Rumbaugh 和 Grady Booch 在 1994 年 10 月，共同合作把他们的工作统一起来。到 1995 年成为统一方法(Unified Method)，版本 0.8。随后，Ivar Jacobson 加入，并采用他的用例思想，到 1996 年，成为统一建模语言版本 0.9。1997 年 1 月，UML 版本 1.0 被提交给 OMG，作为软件建模语言标准化的候选。其后的半年多时间里，一些重要的软件开发商和系统集成商都成为 UML 伙伴，如 Mircrosoft、IBM、HP 等。它们积极地使用 UML，并提出反馈意见，最后于 1997 年 9 月再次提交给 OMG 组织，于 1997 年 11 月 7 日正式被 OMG 作为业界标准采纳。UML 的发展过程如图 2-3 所示。现在，OMG 已经把 UML 作为公共可得到的规格说明(Publicly Available Specification，PAS)提交给国际标准化组织(ISO)进行国际标准化。

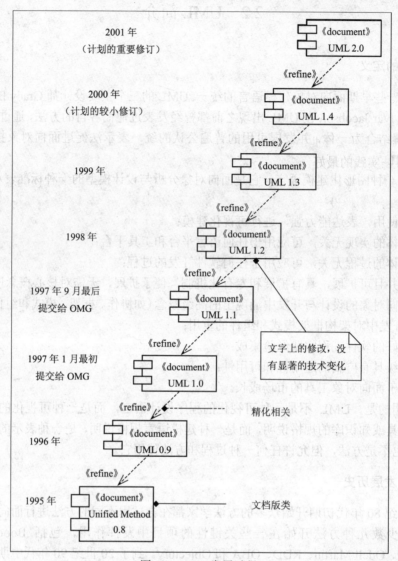

图 2-3 UML 发展过程

UML 是 Booch Objectory 和 OMT 方法的结合，并且是这三者直接向上兼容的后继。另外它还吸收了其他大量方法学家的思想，包括 Wirfs-Brock、Ward、Cunningham、Rubin、Harel、Gamma、Vlissides、Helm、Johnson、Meyer、Odell、Embley、Coleman、Coad、Yourdon、Shlaer和 Mellor。通过把这些先进的面向对象思想统一起来，UML 为公共的、稳定的、表达能力很强的面向对象开发方法提供了基础。

2.2.3 UML 与软件开发

UML 是一种建模语言，是一种标准的表示，而不是一种方法(或方法学)。方法是一种把人的思考和行动结构化的明确方式，方法需要定义软件开发的步骤，告诉人们做什么，如何做，什么时候做以及为什么要这么做。而 UML 只定义了一些图以及它们的意义，它的思想与方法无关。因此，人们将用各种方法使用 UML，而无论方法如何变化，它们的基础是 UML 的图，这就是 UML 的最终用途，即为不同领域的人提供统一的交流标准。

软件开发中一个项目包括领域专家、软件设计开发人员、客户以及用户的参与者之间交流的难题是最大难题。UML 的重要性在于，表示方法的标准化有效地促进了不同背景的人的交流，有效地促进了软件设计、开发和测试人员的相互理解。无论分析、设计和开发人员采取何种不同的方法或过程，他们提交的设计产品都是用 UML 描述的，这有力地促进了相互的理解。

UML 尽可能地结合了世界范围内面向对象项目的成功经验，它的价值在于它体现了世界上面向对象方法实践的最好经验，并以建模语言的形式把它们打包，以适应开发大型复杂系统的要求。

在众多成功的软件设计与实现的经验中，最突出的两条：一是注重系统架构的开发；二是注重过程的迭代和递增性。尽管 UML 本身对过程没有任何定义，但 UML 对任何使用它的方法(或过程)提出的要求是：支持用例驱动(use-case driven)、以架构为中心(architecture-centric)以及递增(incremental)和迭代(iterative)地开发。

注重架构意味着不仅要编写出大量的类和算法，还要设计出这些类和算法之间简单而有效的协作。所有高质量的软件中似乎大都是这类协作，而近年出现的软件设计模式也正在为这些协作起名和分类，使它们更易于重用。最好的架构就是概念集成(conceptual integrity)，它驱动整个项目注重开发模式并力图使它们简单。

迭代和递增的开发过程反映了项目开发的节奏。不成功的项目没有进度节奏，因为它们总是机会主义的，在工作中是被动的，成功的项目有自己的进度节奏，反映在它们有一个定期的版本发布过程，注重对系统架构进行持续的改进。

UML 的应用贯穿在软件开发的五个阶段。

(1)需求分析。UML 的用例视图可以表示客户的需求。通过用例建模，可以对外部的角色以及它们所需要的系统功能建模。角色和用例是用它们之间的关系、通信建模的。每个用例都指定了客户的需求：他或她需求系统干什么。不仅要对软件系统，对商业过程也要进行需求分析。

(2)分析。分析阶段主要考虑所要解决的问题，可用 UML 的逻辑视图和动态视图描述。类图描述系统的静态结构，协作图、序列图、活动图和状态图描述系统的动态特征。在分析阶段，只为问题领域的类建模，不定义软件系统的解决方案的细节(如用户接口的类、数据库等)。

(3)设计。在设计阶段，把分析阶段的结果扩展成技术解决方案。加入新的类来提供技术基础结构，如用户接口、数据库操作等。分析阶段的领域问题类被嵌入这个技术基础结构中。设计阶段的结果是构造阶段的详细的规格说明。

(4)构造。在构造(或程序设计阶段)，把设计阶段的类转换成某种面向对象程序设计语言的代码。在对 UML 表示的分析和设计模型进行转换时，最好不要直接把模型转化成代码。因为在早期阶段，模型是理解系统并对系统进行结构化的手段。

(5)测试。对系统的测试通常分为单元测试、集成测试、系统测试和接受测试几个不同级别。单元测试是对几个类或一组类的测试，通常由程序员进行；集成测试集成组件和类，确认它们之间是否恰当地协作；系统测试把系统当成一个"黑箱"，验证系统是否具有用户所要求的所有功能；接受测试由客户完成，与系统测试类似，验证系统是否满足所有的需求。

不同的测试小组使用不同的 UML 图作为他们工作的基础：单元测试使用类图和类的规格说明，集成测试典型地使用组件图和协作图，而系统测试实现用例图确认系统的行为符合这些图中的定义。

2.2.4 UML 的模型、视图、图与系统架构建模

UML 是用来描述模型的，它用模型描述系统的结构或静态特征以及行为或动态特征。它从不同的视角为系统的架构建模，形成系统的不同视图(view)。

(1)用例视图(use case view)：强调从用户的角度看到的或需要的系统功能。

(2)逻辑视图(logical view)：展现系统的静态或结构组成及特征，也称为结构模型视图(structural model view)或静态视图(static view)。

(3)并发视图(concurrent view)：体现了系统的动态或行为特征，也称为行为模型视图(behavioral model view)或动态视图(dynamic view)。

(4)构件视图(component view)：体现了系统实现的结构和行为特征，也称为实现模型视图(implementation model view)。

(5)部署视图(deployment view)：体现了系统实现环境的结构和行为特征。

每种 UML 的视图都是由一个或多个图(diagram)组成的。一个图就是系统架构在某个侧面的表示，它与其他图是一致的，所有的图一起组成了系统的完整视图。UML 提供了九种不同的图，可以分成两大类：一类是静态图，包括用例图、类图、对象图、构件图和配置图；另一类是动态图，包括序列图、协作图、状态图和活动图。

2.3 UML 视 图

给复杂的系统建模是一件困难和耗时的事情。从理想化的角度，整个系统像是一张图画，这张图画清晰而又直观地描述了系统的结构和功能，既易于理解又易于交流。但事实上，要画出这张图画几乎是不可能的。因为，一个简单的图画并不能完全反映出系统中需要的所有信息。描述一个系统涉及该系统的许多方面，如功能性方面(包括静态结构和动态交互)、非功能性方面(可靠性、扩展性和安全性等)和组织管理方面(工作组、映射代码模块等)。

完整地描述系统，通常的做法是用一组视图反映系统的各个方面，每个视图代表完整系统描述中的一个抽象，显示这个系统中的一个特定的方面。每个视图由一组图构成，图中包含了强调系统中某一方面的信息。视图与视图之间有时会产生轻微的重叠从而使得一个图实际上可能是多个视图的一个组成部分。如果用不同的视图观察系统，每次只集中观察系统的一个方面。UML 中的视图包括用例视图(Use-case view)、逻辑视图(Logical view)、构件视图(Component view)、并发视图(Concurrency View)和部署视图(Deployment View)等五种，如图 2-4 所示。

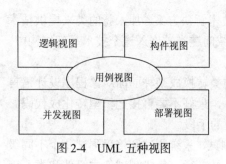

图 2-4　UML 五种视图

图 2-4 中的五个视图并不对应于 UML 中描述的特定的形式构造或图，更恰当的是每个视图对应一个特定的研究系统的观点。不同的视图突出特定的参与群体所关心的系统的不同方面，通过合并所有五种视图中得到的信息就可以形

成系统的完整描述，而为了特殊的目的，只考虑这些视图的子集中包含的信息可能就足够了。从图中可以清晰地看到，用例视图具有将其他四种视图的内容结合到一起的特殊作用。

2.3.1 用例视图

用例视图用于描述系统应该具有的功能集，它是从系统的外部用户角度出发对系统的抽象表示。

用例视图所描述的系统功能依靠于外部用户或另一个系统触发激活，为用户或另一个系统提供服务，实现用户或另一个系统与系统的交互。系统实现的最终目标是提供用例视图中描述的功能。

用例视图中可以包含若干个用例。用例用来表示系统能够提供的功能(系统用法)，一个用例是系统用法(功能请求)的一个通用描述。

用例视图是其他视图的核心和基础。其他视图的构造和发展依赖用例视图中所描述的内容。因为系统的最终目标是提供用例视图中描述的功能，同时附带一些非功能性的性质。所以，用例视图影响着所有其他的视图。

用例视图还可用于测试系统是否满足用户的需求和验证系统的有效性。

用例视图主要为用户、设计人员、开发人员和测试人员而设置。用例视图静态地描述系统功能。

2.3.2 逻辑视图

用例视图只考虑系统应提供什么样的功能，对这些功能的内部运作情况不予考虑，为了揭示系统内部的设计和协作状况，要使用逻辑视图描述系统。

逻辑视图用来显示系统内部的功能是怎样设计的，它利用系统的静态结构和动态行为刻画系统功能。静态结构描述类、对象和它们之间的关系等。动态行为主要描述对象之间的动态协作，当对象之间彼此发送消息给给定的函数时产生动态协作，以及接口和类的内部结构都要在逻辑视图中定义。

静态结构在类图和对象图中描述，动态建模用状态图、序列图、协作图和活动图描述。

2.3.3 构件视图

构件视图用来显示代码组件的组织方式。它描述了实现模块和它们之间的依赖关系。

构件视图由组件图构成。构件是代码模块，不同类型的代码模块形成不同的组件，组件按照一定的结构和依赖关系呈现。构件的附加信息(如为构件分配资源)或其他管理信息(如进展工作的进展报告)也可以加入构件视图中。构件视图主要供开发者使用。

2.3.4 并发视图

并发视图用来显示系统的并发工作状况。并发视图将系统划分为进程和处理机方式，通过划分引入并发机制，利用并发高效地使用资源、并行执行和处理异步事件。除了划分系统为并发执行的控制线程，并发视图还必须处理通信和这些线程之间的同步问题。并发视图所描述的方面属于系统中的非功能性质方面。

并发视图供系统开发者和集成者使用。它由动态图(状态图、序列图、协作图、活动图)和执行图(构件图、部署图)构成。

2.3.5 部署视图

部署视图用来显示系统的物理架构，即系统的物理部署。例如，计算机和设备以及它们之间的连接方式，其中计算机和设备称为结点。它由部署图表示。部署视图还包括一个映射，该映射显示在物理架构中组件是怎样部署的，例如，在每台独立的计算机上哪一个程序或对象在运行。

部署视图提供给开发者、集成者和测试者。

2.4 UML 图

模型通常作为一组图呈现给设计人员。图是一组模型元素的图形化表示。不同类型的图表示不同的信息，一般是它们描述的模型元素的结构或行为。各种图都有一些规则，规定哪些模型元素能够出现在这种图中以及如何表示这些模型元素。

UML 定义了九种不同类型的图：用例图、类图、对象图、序列图、协作图、状态图、活动图、构件图、部署图。

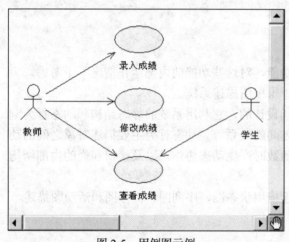

图 2-5　用例图示例

2.4.1 用例图

用例图用于显示若干角色以及这些角色与系统提供的用例之间的连接关系，如图 2-5 所示。用例是系统提供的功能(即系统的具体用法)的描述。通常一个实际的用例采用普通的文字描述，作为用例符号的文档性质。用例图仅从角色(触发系统功能的用户等)使用系统的角度描述系统中的信息，也就是站在系统外部察看系统功能，它并不描述系统内部对该功能的具体操作方式。用例图定义的是系统的功能需求。

2.4.2 类图

类图(class diagram)用来表示系统中的类、类与类之间的关系，它是对系统静态结构的描述，如图 2-6 所示。

类表示系统中需要处理的事物。类与类之间有多种连接方式(关系)。例如，关联(彼此间的连接)、依赖(一个类使用另一个类)、泛化(一个类是另一个类的特殊化)等。类与类之间的这些关系都体现在类图的内部结构之中，通过类的属性(attribute)

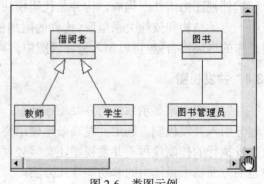

图 2-6　类图示例

和操作(operation)这些术语反映。在系统的生命周期中，类图所描述的静态结构在任何情况下都是有效的。

　　一个典型的系统中通常有若干个类图。一个类图不一定包含系统中所有的类，一个类还可以加到几个类图中。

2.4.3　对象图

　　对象图是类图的实例，它及时具体地反映了系统执行到某处时的工作状况。对象图中使用的图示符号与类图几乎完全相同，只是对象图中的对象名加了下划线，而且类与类之间关系的所有实例也都画了出来，如图 2-7 所示。

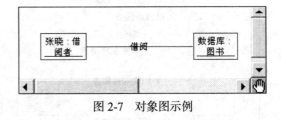

图 2-7　对象图示例

　　对象图没有类图重要，对象图通常用来示例一个复杂的类图，通过对象图反映真正的实例是什么，它们之间可能具有什么样的关系，帮助对类图的理解。对象图也可以用在协作图中作为其一个组成部分，用来反映一组对象之间的动态协作关系。

2.4.4　序列图

　　序列图用来反映若干个对象之间的动态协作关系，也就是随着时间的流逝，对象之间是如何交互的，如图 2-8 所示。序列图主要反映对象之间已发送消息的先后次序，说明对象之间的交互过程，以及系统执行过程中，在某一具体位置将会有什么事件发生。

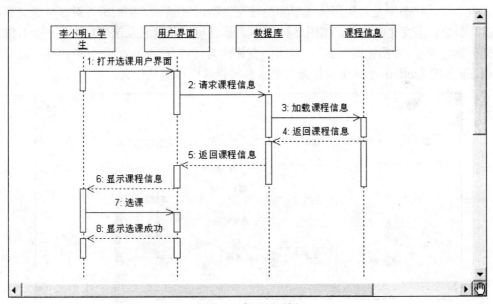

图 2-8　序列图示例

　　序列图由若干对象组成，每个对象用一个垂直的虚线表示(线上方是对象名)，每个对象的正下方有一个矩形条，它与垂直的虚线相叠，矩形条表示该对象随时间流逝的过程(从上至下)，对象之间传递的消息用消息箭头表示，它们位于表示对象的垂直线条之间。时间说明和其他的注释作为脚本放在图的边缘。

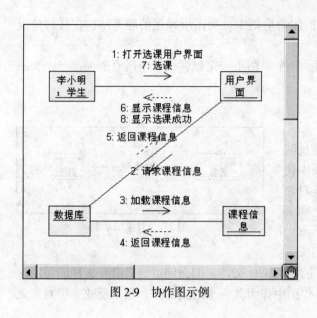

图 2-9　协作图示例

2.4.5　协作图

协作图和序列图的作用一样，反映的也是动态协作。除了显示消息变化(称为交互)，协作图还显示了对象和它们之间的关系(称为上下文相关)。由于协作图或序列图都反映对象之间的交互，所以建模者可以任意选择一种反映对象间的协作。如果需要强调时间和序列，最好选择序列图；如果需要强调上下文相关，最好选择协作图。

协作图与对象图的画法一样，图中含有若干个对象及它们之间的关系(使用对象图或类图中的符号)，对象之间流动的消息用消息箭头表示，箭头中间用标签标识消息被发送的序号、条件、迭代方式、返回值等，如图 2-9 所示。通过识别消息标签的语法，开发者可以看出对象间的协作，也可以跟踪执行流程和消息的变化情况。

协作图中也能包含活动对象，多个活动对象可以并发执行。

2.4.6　状态图

一般来说，状态图是对类所描述事物的补充说明，它显示了类的所有对象可能具有的状态，以及引起状态变化的事件，如图 2-10 所示。事件可以是给它发送消息的另一个对象或者某个任务执行完毕(如指定时间到)。状态的变化称为转移(transition)，一个转移可以有一个与之相连的动作(action)，这个动作指明了状态转移时应该做些什么。

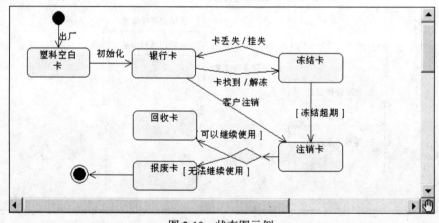

图 2-10　状态图示例

并不是所有的类都有相应的状态图。状态图仅用于具有下列特点的类：具有若干个确定的状态，类的行为在这些状态下会受到影响且被不同的状态改变。另外，也可以为系统描绘整体状态图。

2.4.7 活动图

活动图(activity diagram)反映一个连续的活动流,如图 2-11 所示。相对于描述活动流(如用例或交互)，活动图更常用于描述某个操作执行时的活动状况。

活动图由各种动作状态(action state)构成，每个动作状态包含可执行动作的规范说明。当某个动作执行完毕，该动作的状态就会随着改变。这样，动作状态的控制就从一个状态流向另一个与之相连的状态。

活动图中还可以显示决策、条件、动作状态的并行执行、消息(被动作发送或接收)的规范说明等内容。

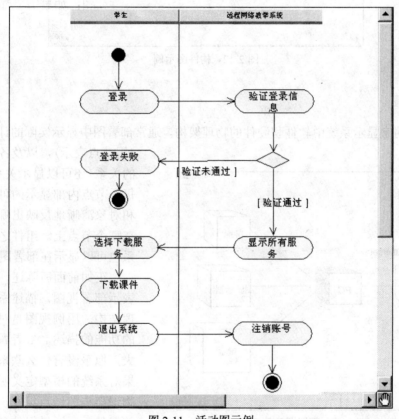

图 2-11 活动图示例

2.4.8 构件图

构件图用来反映代码的物理结构。代码的物理结构用代码组件表示，构件可以是源代码、二进制文件或可执行文件组件。构件包含了逻辑类或逻辑类的实现信息，因此逻辑视图与组件视图之间存在着映射关系。构件之间也存在依赖关系，利用这种依赖关系可以方便容易地分析一个组件的变化会给其他的构件带来怎样的影响。

构件可以与公开的任何接口(如 OLE/COM)接口一起显示,也可以把它们组合起来形成一个包，在构件图中显示这种组合包。实际编程工作中经常使用构件图，如图 2-12 所示。

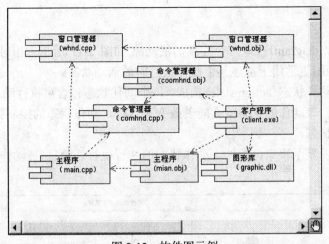

图 2-12　构件图示例

2.4.9　部署图

部署图用来显示系统中软件和硬件的物理架构。通常部署图中显示实际的计算机和设备（用节点表示），以及各个节点之间的关系(还可以显示关系的类型)。每个节点内部显示的可执行的组件和对象清晰地反映出哪个软件运行在哪个节点上。组件之间的依赖关系也可以显示在部署图中。

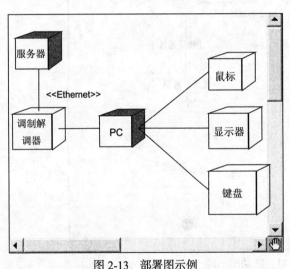

图 2-13　部署图示例

正如前面所陈述，部署图用来表示部署视图，描述系统的实际物理结构。用例视图是对系统应具有的功能的描述，二者看上去差别很大，似乎没有什么联系。然而，如果对系统的模型定义明确，那么从物理架构的结点出发，找到它含有的组件，再通过组件到达它实现的类，再到达类的对象参与的交互，直至最终到达一个用例也是可能的。整体上，系统的不同视图给系统的描述应当是一致的，如图 2-13 所示。

2.5　模　型　元　素

可以在图中使用的概念统称为模型元素。模型元素用语义、元素的正式定义或确定的语句所代表的准确含义定义。模型元素在图中用其相应的视图元素(符号)表示。利用视图元素可以把图形象直观地表示出来。一个元素(符号)可以存在于多个不同类型的图中，但是具体以怎样的方式出现在哪种类型的图中要符合(依据)一定的规则。图 2-14 给出了类、对象、用例、状态、节点、包和组件等模型元素的符号图例。

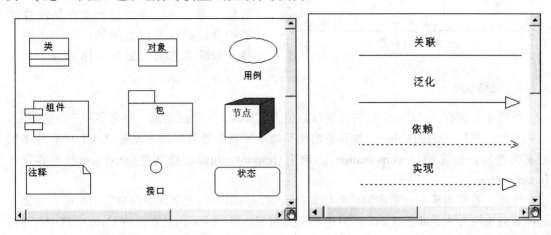

图 2-14　常用模型元素符号图例　　　　　图 2-15　关系符号图例

模型元素与模型元素之间的连接关系也是模型元素，常见的关系有关联(association)、泛化(generalization)、依赖(dependency)和实现，如图 2-15 所示。

2.6　通用机制和扩展机制

2.6.1　通用机制

UML 利用通用机制为图附加一些信息，这些信息通常无法用基本的模型元素表示。常用的通用机制有修饰(adornment)、注释(note)和规格说明(specification)等。

1. 修饰

在图的模型元素上添加修饰为模型元素附加一定的语义。这样，建模者就可以方便地把类型与实例区别开。

当某个元素代表一个类型时，它的名字被显示成黑体字；当用这个元素代表其对应类型的实例时，它的名字下面加下划线，同时还要指明实例的名字和类型的名字。例如，类用长方形表示，其名字用黑体字书写(如计算机)。如果类的名字带有下划线，它则代表该类的一个对象(如丁一的计算机)。对结点的修饰方式也是一样的，结点的符号既可以是用黑体字表示的类型(如打印机)，也可以是结点类型的一个实例(如丁一的 HP 打印机)。其他的修饰有对各种关系的规范说明，如重数(multiplicity)，重数是一个数值或一个范围，它指明涉及关系的类型的实例个数，修饰紧靠着模型元素书写。

2. 注释

无论建模语言怎样扩展，它不可能应用于描述任何事物。为了在模型中添加一些额外的模型元素无法表示的信息，UML 提供了注释。注释可以放在任何图的任意位置，并

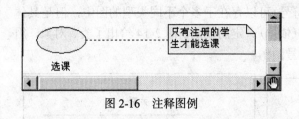

图 2-16 注释图例

且可以含有各种各样的信息，信息的类型是字符串。

如果某个元素需要一些解释或说明信息，那么就可以为该元素添加注释通常用虚线把含有信息的笔记与图中的一些元素联系起来，如图 2-16 所示。

3. 规格说明

模型元素含有一些性质，这些性质以数值方式体现。一个性质用一个名字和一个值表示，又称为加标签值(tagged value)。加标签值用整数或字符串等类型详细说明。UML 中有许多预定义的性质，如文档(documentation)、响应(responsibility)、持续性(persistence)和并发性(concurrency)。

性质一般作为模型元素实例的附加规格说明，如用一些文字逐条列举类的响应和能力。这种规范说明方式是非正式的，并且也不会直接显示在图中，但是在某些 Case 工具中，通过双击模型元素就可以打开含有该元素所有性质的规格说明窗口，通过该窗口就可以方便地读取信息了。

2.6.2 扩展机制

UML 语言具有扩展性，因此也适用于描述某个具体的方法、组织或用户。这里介绍三种扩展机制：版类(stereotype)、加标签值和约束(constrain)。

1. 版类

版类扩展机制是指在已有的模型元素基础上建立一种新的模型元素。版类与现有的元素相差不多，只是比现有的元素多一些特别的语义。版类与产生该版类的原始元素的使用场所是一样的。版类可以建立在所有的元素类型上，如类、结点、组件、关系。UML 语言中已经预定义了一些版类，这些预定义的版类可以直接使用，从而免去了再定义新版类的麻烦，使得 UML 用起来比较简单。

版类的表示方法是在元素名称旁边添加一个版类的名字，版类的名字用字符串(用双尖角括号括起来)表示，如图 2-17 所示。

图 2-17 版类的表示方法图例

版类是非常好的扩展机制，它的存在避免了 UML 过于复杂化，同时也使 UML 语言能够适应各种需求，很多需求的新模型元素已做成了 UML 的基础原型(prototype)，用户可以利用它添加新的语义后定义新的模型元素。

2. 加标签值

模型元素有很多性质，性质用名字和值一对信息表示。性质也称为加标签值。UML 中已经预定义了一定数量的性质，用户还可以为元素定义一些附加信息，即定义性质。任何一种类型的信息都可以定义为元素的性质。例如，具体的方法信息、建模进展状况的管理信息、其他工具使用的信息、用户需要给元素附加的其他各类的信息。

3. 约束

约束是对元素的限制。通过约束限定元素的用法或元素的语义。如果在几个图中都要使用某个约束，可以在工具中声明该约束，当然也可以在图中边定义边使用。

图 2-18 显示的是老年人类与一般人类之间的关联关系。显然，并不是所有的人都是老年人，为了表示只有 60 岁以上的人才能加入老年人类，定义了一个约束条件：年龄属性大于60 岁的人(age>60)。有了这个条件，哪个人属于这种关联关系中也自然就清楚了。反之，假如没有约束条件，这个图就很难解释清楚。在最坏情况下，它可能会导致系统实现上的错误。

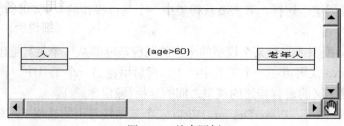

图 2-18　约束图例

2.7　UML 建模工具

使用统一建模语言需要相应的工具支持，即使人工在白板上画好了模型的草图，建模者也需要使用工具。因为模型中很多图的维护、同步和一致性检查等工作，人工做起来几乎是不可能的。

用于产生程序的第一个可视化软件问世后，建模工具(又叫 Case 工具)一直不很成熟，许多 Case 工具几乎和画图工具一样，仅提供了建模语言和很少的一致性检查，增加了一些方法的知识。经过人们不断地改进，今天的 Case 工具正在接近图的原始视觉效果，如 Rational Rose工具就是一种比较现代的建模工具。但是还有一些工具仍然比较粗糙，如一般软件中很好用的"剪切"和"粘贴"功能，在这些工具中尚未实现。另外，每种工具都有属于自己的建模语言，或至少有自己的语言定义，这也限制了这些工具的发展。随着 UML 的发布，工具制造者现在可能会花较多的时间提高工具质量，减少定义新的方法和语言所花费的时间。

一个现代的 Case 工具应提供下述的功能。

(1)画图(draw diagrams)。Case 工具中必须提供方便作图和为图着色的功能，也必须具有智能，能够理解图的目的，知道简单的语义和规则。这样的特点带来的方便是，当建模者不适当地或错误地使用模型元素时，工具能自动警告或禁止其操作。

(2)积累(repository)。Case 工具中必须提供普通的积累功能，以便系统能够把收集到的模型信息存储下来。如果在某个图中改变了某个类的名称，那么这种变化必须及时地反射到使用该类的所有其他图中。

(3)导航(navigation)。Case 工具应该支持易于在模型元素之间导航的功能。也就是说，使建模者能够容易地从一个图到另一个图地跟踪模型元素或扩充对模型元素的描述。

(4)多用户支持。Case 工具提供该功能使多个用户可以在一个模型上工作，但彼此之间没有干扰。

(5)产生代码(generate code)。一个高级的 Case 工具一定要有产生代码的能力,该功能可以把模型中的所有信息翻译成代码框架,把该框架作为实现阶段的基础。

(6)逆转(reverse)。一个高级的 Case 工具一定要有阅读现成代码并依代码产生模型的能力,即模型可由代码生成。它与产生代码是互逆的两个过程。对于开发者,他可以用建模工具或编程两种方法建模。

(7)集成(integrate)。Case 工具一定要能与其他工具集成,即与开发环境(如编辑器、编译器和调试器)和企业工具(如配置管理和版本控制系统)等的集成。

(8)覆盖模型的所有抽象层。Case 工具应该能够容易地从对系统的最上层的抽象描述向下导航至最低的代码层。这样,若需要获得类中一个具体操作的代码,只要在图中单击这个操作的名字即可。

(9)模型互换。模型或来自某个模型的个别的图应该能够从一个工具输出,然后再输入另一个工具。就像 Java 代码可在一个工具中产生,而后用在另一个工具中一样。模型互换功能也应该支持用明确定义的语言描述的模型之间的互换(输出/输入)。

目前,Rational Rose、PowerDesign、Visio 三个是比较常用的建模工具软件。

1)Rational Rose

Rational Rose 是直接从 UML 发展而诞生的设计工具,它的出现就是为了支持 UML 建模,Rational Rose 一开始没有支持数据库端建模,但是在现在的版本中已经加入数据库建模的功能。Rational Rose 主要是在开发过程中的各种语义、模块、对象以及流程,状态等描述比较好,主要体现在能够从各个方面和角度分析和设计,使软件的开发蓝图更清晰,内部结构更加明朗(但是它的结构仅对那些掌握 UML 的开发人员,即对客户了解系统的功能和流程等并不一定很有效),对系统的代码框架生成有很好的支持。但对数据库的开发管理和数据库端的迭代不是很好。

2)PowerDesigner

PowerDesigner 原来是对数据库建模而发展起来的一种数据库建模工具。直到版本 7.0 才开始对面向对象的开发的支持,后来又引入了对 UML 的支持。但是由于 PowerDesigner 侧重不一样,所以它对数据库建模的支持很好,支持了能够看到的 90%左右的数据库,对 UML 的建模使用到的各种图的支持比较滞后。但是在最近得到加强。所以使用它来进行 UML 开发的并不多,很多人都是用它进行数据库的建模。如果使用 UML 分析,它的优点是生成代码时对 Sybase 的产品 PowerBuilder 的支持很好(其他 UML 建模工具则没有或者需要一定的插件),其他面向对象语言如 C++、Java、VB、C#等支持也不错。但是它好像继承了 Sybase 公司的一贯传统,对中国的市场不是很看好,所以对中文的支持总是有这样或那样的问题。

3)Visio

UML 建模工具 Visio 原来仅是一种画图工具,能够描述各种图形(从电路图到房屋结构图),也是到 Visio2000 才开始引进软件分析设计功能到代码生成的全部功能,它可以说是目前最能够用图形方式表达各种商业图形用途的工具(对软件开发中的 UML 支持仅是其中很少的一部分)。它跟微软的 Office 产品能够很好地兼容。能够把图形直接复制或者内嵌到 word 文档中。但是对于代码的生成更多是支持微软的产品如 VB、VC++、MS SQL Server 等(这也是微软的传统),所以它用于图形语义的描述比较方便,但是用于软件开发过程的迭代开发则有点牵强。

2.8 总　　结

本章介绍了 UML 的含义以及包含的基本内容，UML 语言用若干个视图构造系统模型，每个视图代表系统的一个方面。视图用图描述，图又用模型元素的符号表示，图中包含的模型元素可以有类、对象、结点、组件、关系等，模型元素有具体的含义并且用图形符号表示。UML 图包括用例图、类图、对象图、序列图、协作图、状态图、活动图、构件图和部署图，这些图的用途和绘制这些图时应遵守的规则在后续章节中叙述。

在实际工程中，用户使用 UML 时需要借助工具。现代 Case 工具应具有绘图、存储积累信息、导航、产生报告和文档、代码生成、识别代码产生模型、与其他开发工具集成等能力。Rational Rose 是史上最有名、最无可替代的 UML 建模工具软件，在第 3 章将详细介绍。

习　　题

1. 填空题

(1) UML 是由面向对象领域的三位著名的方法学家_____、_____和_____提出的。

(2) 用例图用于显示若干角色以及这些角色与系统提供的用例_____之间的连接关系。

(3)_____图用来反映代码的物理结构。

(4) 目前，_____、_____、_____是比较常用的三个建模工具软件。

2. 选择题

(1) UML 是（　　）。

A. 建模工具规格说明　　　　　　B. 图形化建模语言

C. 软件开发过程定义　　　　　　D. 可视化的程序设计语言

(2) UML 的用例视图可以表示（　　）。

A. 客户需求　　　　　　　　　　B. 系统结构

C. 进程调用　　　　　　　　　　D. 代码结构

(3) 部署视图用来显示系统的（　　）。

A. 通信关系　　　　　　　　　　B. 系统结构

C. 进程调用　　　　　　　　　　D. 物理架构

(4) 模型元素之间的连接关系也是模型元素，常见的关系有（　　）、（　　）、依赖和实现。

A. 调用　　　　　　　　　　　　B. 关联

C. 泛化　　　　　　　　　　　　D. 结合

3. 简答题

(1) 什么是 UML？UML 的特点是什么？

(2) 简述 UML 在软件开发的五个阶段的应用。

(3) 什么是视图？UML 包含哪些视图？它们之间的关系是什么？

(4) 简述 UML 建模工具提供的功能。

第3章　UML 建模工具 Rational Rose 简介

Rational Rose 是 Rational 公司出品的一种面向对象的统一建模语言的可视化建模工具。Rational Rose 是一个完全的、具有能满足所有建模环境（Web 开发、数据建模、C++和 Java 等）灵活性需求的一套解决方案。Rose 允许开发人员、项目经理、系统工程师和分析人员在软件开发周期内将需求和系统的体系架构转换成代码，消除浪费的消耗，对需求和系统的体系架构进行可视化，理解和精练。通过在软件开发周期内使用同一种建模工具可以确保更快更好地创建满足客户需求的可扩展的、灵活的并且可靠的应用系统。

目前，常用的 Rational Rose 具有 2003 和 2007 两个版本，二者的操作基本一样，本书将以 Rational Rose 2007 为例介绍其相关操作及使用。

3.1　安装 Rational Rose

3.1.1　Windows XP 系统下 Rational Rose 安装步骤

安装 Rose 需要 Windows 2000/Windows XP 及以上版本。如果是 Windows 2000 则要确认已经安装了 Sever Pack 2。下面介绍 Windows XP 操作系统下 Rational Rose 2007 的安装步骤。

（1）双击启动 Rational Rose 2007 的安装程序，进入产品选择界面，如图 3-1 所示。

（2）单击 Install IBM Rational Rose Enterprise Edition 按钮，进入安装向导界面，如图 3-2 所示。

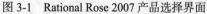

图 3-1　Rational Rose 2007 产品选择界面　　　图 3-2　Rational Rose 2007 安装向导界面

（3）单击"下一步"按钮，进入选择安装方式界面，如图 3-3 所示。使用其默认选项，即 Desktop installation from CD image 进行本地桌面安装。

（4）单击"下一步"按钮，提示将要安装 Rational Rose 企业版，如图 3-4 所示。

（5）单击 Next 按钮，进入安装注意事项界面，如图 3-5 所示。

（6）继续单击 Next 按钮，进入软件许可协议界面，如图 3-6 所示。

图 3-3 选择安装方式界面

图 3-4 安装 Rational Rose 企业版界面

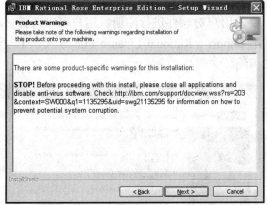

图 3-5 安装注意事项界面

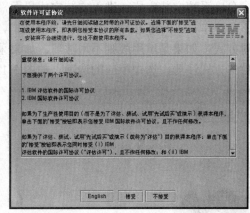

图 3-6 软件许可协议界面

（7）单击"接受"按钮，进入安装路径设置界面，如图 3-7 所示。

（8）安装路径设置完成后，单击 Next 按钮进入自定义安装设置界面，如图 3-8 所示，用户可以根据需要选择需要安装的产品组件。

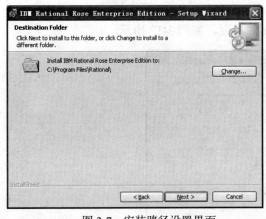

图 3-7 安装路径设置界面

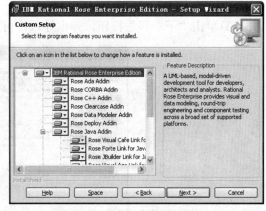

图 3-8 自定义安装设置界面

（9）按照系统默认选项，继续单击 Next 按钮，进入开始安装界面，如图 3-9 所示。

（10）单击 Install 按钮，开始安装，进入安装进度界面，如图 3-10 所示。

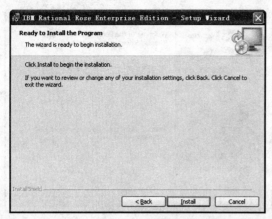

图 3-9　开始安装界面

图 3-10　安装进度界面

（11）系统安装完毕，进入安装完成界面，如图 3-11 所示。

（12）单击 Finish 按钮，弹出注册对话框，要求用户对软件进行注册。用户可以选择多种注册方式，如果是试用版则不用注册。如果采用 Import a Rational License File 导入一个注册文件的方式注册，选中相应的选项，如图 3-12 所示。

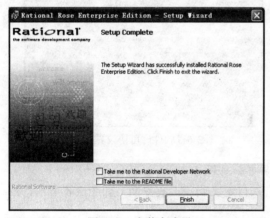

图 3-11　安装完成界面

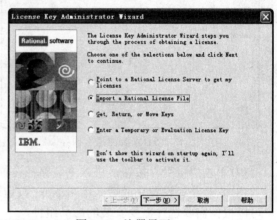

图 3-12　注册界面

（13）单击"下一步"按钮，弹出导入许可文件界面，如图 3-13 所示。

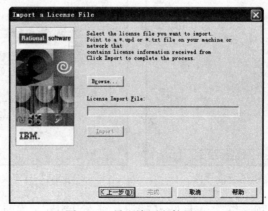

图 3-13　导入许可文件界面

(14) 单击 Browse 按钮，选择许可文件，然后单击 Import 按钮，进入确认导入界面，如图 3-14 所示。

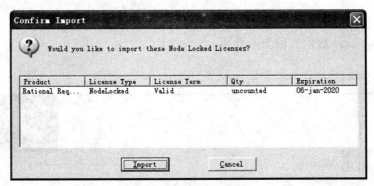

图 3-14　确认导入界面

(15) 单击 Import 按钮完成导入，弹出导入许可文件成功提示框，如图 3-15 所示，注册完成。

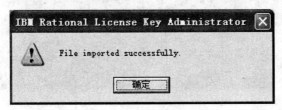

图 3-15　导入许可文件成功

3.1.2　Windows 7 系统安装 Rational Rose 启动报错处理

用户在 Windows 7 系统中安装 Rational Rose 时，打开该软件却提示找不到 suite objects.dll 报错界面，如图 3-16 所示。

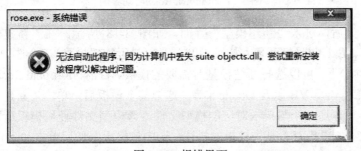

图 3-16　报错界面

遇到这种情况可能并不是缺少了 suite objects.dll，其实"suite objects.dll"还在计算机中，只是环境变量设置错误或者未设置，造成找不到该文件。下面简单介绍解决方法，步骤如下：

(1) 右击"我的电脑"图标。

(2) 选择"高级"/"环境变量"命令。

(3) 编辑 path，在原 path 添加"D:\Program Files\Rational\Common"（引号内添加，引号不用加进去）。

(4) 启动 Rose，成功解决问题。

3.2 Rational Rose 基本操作

3.2.1 Rational Rose 启动界面与主界面

Rational Rose 启动后，启动界面如图 3-17 所示。

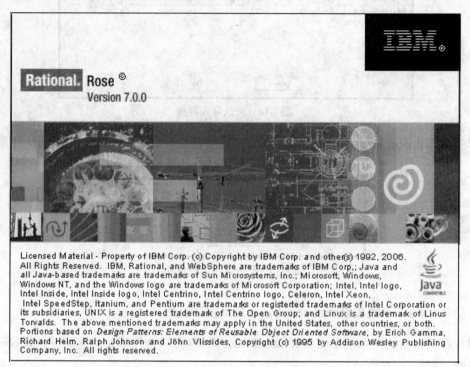

图 3-17 Rational Rose 启动界面

启动界面消失后，进入"新建模型"界面，如图 3-18 所示。在"新建模型"界面中有 New（新建模型）、Existing（打开现有模型）和 Recent（最近编辑模型）三个选项卡。

在 New 选项卡下，可以选择新建模型时需要的模板。目前，Rational Rose 2007 支持的模板有 J2EE、J2SE、VC、VB 以及 Oracle 8 等。选中某个模板后，单击"新建模型"界面右侧的 OK 按钮，即可建造一个与模板对应的模型文件，该模型文件使用模板所定义的一组模型元素进行初始化。如果想查看某个模板的描述，选中该模板，然后单击 Details 按钮即可。如果想新建一个不使用模板的模型，单击 Cancel 按钮，这样就可以创建一个只包含默认内容的空白模型文件。

若想打开现有模型，如图 3-19 所示，在 Existing 选项卡下，浏览对话框左侧的文件路径列表，找到将要打开的文件所在的文件夹，再在右侧的文件列表中选中该文件，单击 Open 按钮即可打开。

第三个选项卡 Recent，最近编辑模型界面，如图 3-20 所示。在该界面可以打开一个最近编辑过的模型文件。找到相应的文件，单击 Open 按钮就可以打开该模型文件。

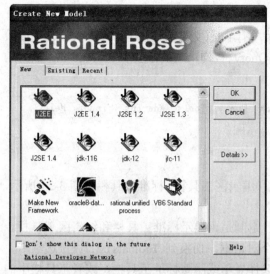

图 3-18　"新建模型"界面

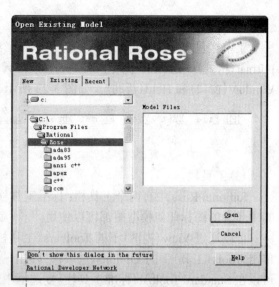

图 3-19　打开现有模型界面

在新建模型界面，单击 Cancel 按钮，创建一个空白新模型文件，进入 Rational Rose 主界面，如图 3-21 所示。

图 3-20　最近编辑模型界面

图 3-21　Rational Rose 主界面

Rational Rose 的主界面由标题栏、菜单栏、工具栏、状态栏和工作区组成。工作区又由浏览区（模型管理区）、文档区、日志区和模型编辑区四个主要部分组成。下面分别对各个部分进行简单介绍。

（1）标题栏。

标题栏显示当前正在编辑的模型名称，如图 3-22 所示，刚刚新建还未保存的模型名称用 untitled（未命名）标识。此外，标题栏还可以显示当前正在编辑的图的名称和位置，如 Class Diagram：Logical View/Main 代表在 Logical View（逻辑视图）下创建的名称为 Main 的 Class Diagram（类图）。

图 3-22　标题栏

(2)菜单栏。

菜单栏包含了所有可以进行的操作，一级菜单有 File（文件）、Edit（编辑）、View（视图）、Format（格式）、Browse（浏览）、Report（报告）、Query（查询）、Tools（工具）、Add-Ins（插入）、Window（窗口）和 Help（帮助），如图 3-23 所示。

图 3-23　菜单栏

(3)工具栏。

Rational Rose 中有两个工具栏：标准工具栏和编辑区工具栏。标准工具栏如图 3-24 所示，其中包含的图标任何模型图都可以使用。

可以通过 View（视图）下的 Toolbars（工具栏）定制是否显示标准工具栏和编辑区工具栏。单击 Tools（工具）下的 Options（选项），弹出一个对话框，切换到 Toolbars（工具栏）选项卡，可以在 Standard Toolbar（标准工具栏）复选框中选择显示或隐藏标准工具栏，或者工具栏中的选项是否使用大图标。也可以在 Diagram Toolbar（图形编辑工具栏）中选择是否显示编辑区工具栏，以及编辑区工具栏显示的样式。

图 3-24　标准工具栏

编辑区工具栏位于工作区内，如图 3-25 所示（编辑区工具栏按钮将会在使用过程中详细介绍）。

图 3-25　编辑区工具栏

(4)状态栏。

状态栏用于显示一些提示信息，如图 3-26 所示。

图 3-26　状态栏

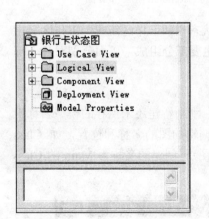

图 3-27　浏览区和文档区

(5)工作区。

工作区由四个主要部分组成：浏览区、文档区、日志区和模型编辑区。左侧部分是浏览区和文档区，其中上面是当前项目模型的浏览器，选中浏览器的某个对象，下面的文档区就会显示其对应的文档名称，如图 3-27 所示。浏览器是层次结构，显示系统模型的树形视图，可以帮助建模人员迅速查找各种图或者模型元素。

编辑区如图 3-28 所示。在编辑区中，可以查看或编辑正在打开的任意一张模型图。当修改图中的模型元素时，Rational Rose 会自动更新浏览器中系统模型的树形视图。在图的编辑区添加的相关模型元素会自动在浏览器中添加，这样使浏览器和编辑区的信息保持同步。也可以将浏览器中的模型元素拖动到图形编辑区中添加。

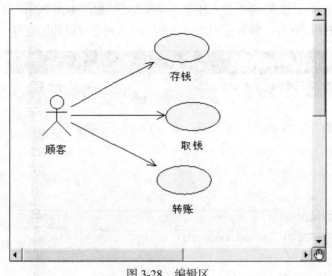

图 3-28　编辑区

日志区位于 Rational Rose 工作区域的下方，日志区记录了对模型所做的所有重要操作，如图 3-29 所示。

图 3-29　日志区

3.2.2　使用 Rational Rose 建模

1．创建模型

可以通过 File/New 命令创建新的模型，也可以通过标准工具栏下的"新建"按钮创建新的模型，这时便会弹出选择模板的对话框，选择要使用的模板，单击 OK（确定）按钮即可。

如果使用模板，Rational Rose 系统就会将模板的相关初始化信息添加到创建的模型中，这些初始化信息包含了一些包、类、构件和图等。

2．保存模型

可通过 File/Save 命令保存新建的模型，也可以通过标准工具栏下的"保存"按钮保存新建的模型，保存的 Rational Rose 模型文件的扩展名为.mdl。

可以通过 File/Save Log As（保存日志）命令保存日志，也可以通过 AutoSave Log（自动保存日志）。

3. 导入模型

可以通过 File/Import（导入）命令导入模型、包或类等，如图 3-30 所示，可供选择的文件类型包含.mdl、.ptl、.sub 或.cat 等，导入模型的对话框。导入模型可以利用现有资源进行建模。

图 3-30　导入模型

4. 导出模型

可以通过 File/Export Model（导出模型）命令导出模型，导出的文件后缀名为.ptl。*.ptl 格式文件类似于模型文件(*.mdl)，但是只是模型文件的一部分。模型文件*.mdl 则保存完整的模型。

5. 发布模型

Rational Rose 2007 提供了将模型生成相关网页从而在网络上进行发布的功能，这样，可以方便系统模型的设计人员将系统的模型内容对其他开发人员进行说明。具体的操作步骤如下。

（1）选择 Tools/Web Publisher 命令，打开发布模型操作窗口，如图 3-31 所示。

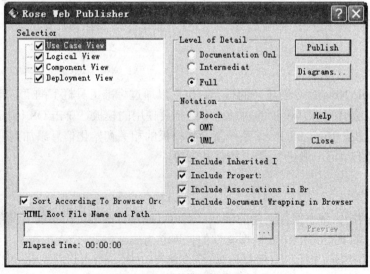

图 3-31　发布模型操作窗口

(2) 设置发布的模型生成的图片格式，单击 Diagrams 按钮，弹出设置图片格式界面，如图 3-32 所示。有四个选项可供选择，分别是 Don't Publish Diagrams（不要发布图）、Windows Bitmaps（BMP 格式）、Portable Network Graphics（PNG 格式）和 JPEG（JPEG 格式）。Don't Publish Diagrams（不要发布图）是指不发布图像，仅包含文本内容。其余三个选项指的是发布的图形文件格式。

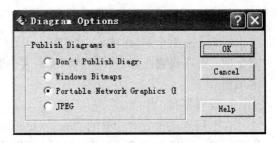

图 3-32　设置图片格式界面

(3) 在 HTML Root File Name and Path 文本框中，设置发布模型的路径及文件名。

(4) 单击 Publish 按钮发布模型。

说明：① 在发布模型之前，应当创建一个新的文件夹，用于保存所发布的模型文件；② 发布一个模型时，需要提供一个 HTML 根文件的名字，通过打开该文件显示模型。

3.2.3　Rational Rose 全局选项设置

全局选项可以通过 Tools/Options 命令进行设置，全局选项设置对话框如图 3-33 所示。

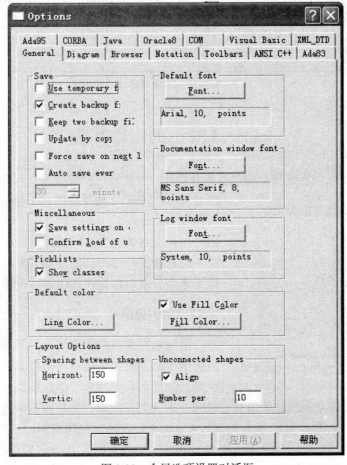

图 3-33　全局选项设置对话框

1) 设置颜色

在 General(全局)选项卡中的 Default Color 选项组中,单击相关按钮,便会弹出颜色设置对话框,可以设置该选项的颜色信息,这些选项包括 Line Color(线的颜色)和 Fill Color(填充区颜色)。

2) 设置字体

在全局选项设置对话框的 Documentation window font 选项组中单击 Font 按钮,弹出字体设置窗口,如图 3-34 所示,可以根据需要设置不同的字体。

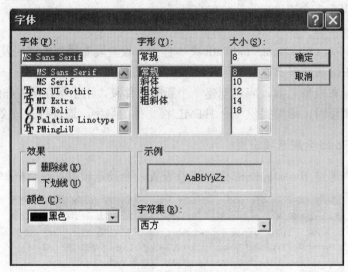

图 3-34 字体设置窗口

3.3 Rational Rose 的四种视图模型

在 Rational Rose 建立的模型中包括四种视图,分别是用例视图(Use Case View)、逻辑视图(Logical View)、构件视图(Component View)和部署视图(Deployment View)。创建一个 Rational Rose 模型的时候,会自动包含这四种视图,如图 3-35 所示。

每种视图针对不同的模型元素具有不同的用途,接下来将分别对这四种视图进行说明。

3.3.1 用例视图

用例视图中包括了系统中的所有参与者、用例和用例图,必要时还可以在用例视图中添加顺序图、协作图、活动图和类图等。用例视图与系统中的实现是不相关的,它关注的是系统功能的高层抽象,适合对系统进行分析和获取需求,而不关注系统的具体实现方法。图 3-36 所示为一个网上选课系统的用例视图示例。

图 3-35 Rational Rose 模型中的四种视图

在用例视图中,可以创建 Package(包)、Use Case(用例)、Actor(参与者)、Class(类)、Use Case Diagram(用例图)、Class Diagram(类图)、Collaboration Diagram(协作图)、Sequence

Diagram(序列图)、Statechart Diagram(状态图)和 Activity Diagram(活动图)等多种模型元素。在浏览器中右击 Use Case View(用例视图)选项，弹出在视图中允许创建的模型元素。

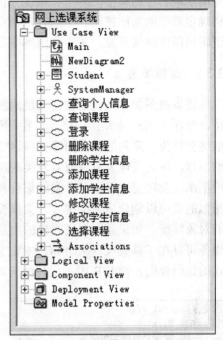

图 3-36　网上选课系统用例视图

Package 是在用例视图和其他视图中最通用的模型元素组的表达形式。使用包可以将不同的功能区分开。但是在大多数情况下，在用例视图中使用包的场合很少，几乎不用。这是因为用例图基本上是用来获取需求的，这些功能集中在一个或几个用例图中才能更好地把握，而一个或几个用例图通常不需要使用包来划分。如果需要对很多的用例图进行组织，这个时候才需要使用包的功能。在用例视图的包中，可以再次创建用例视图内允许的所有图形。事实上，也可以将用例视图看成一个包。

用例(Use Case)用来表示在系统中所提供的各种服务，它定义了系统是如何被参与者使用的，它描述的是参与者为了使用系统所提供的某一完整功能而与系统之间发生的一段对话。

参与者(Actor)是指存在于被定义系统外部并与该系统发生交互的人或其他系统，参与者代表了系统的使用者或使用环境。在参与者的下面，可以创建参与者的属性(Attribute)、操作(Operation)、嵌套类(Nested Class)、状态图(Statechart Diagram)和活动图(Activity Diagram)等。在浏览器中右击某个参与者，弹出在该参与者中允许创建的模型元素。

类(Class)是对某个或某些对象的定义。它包含有关对象动作方式的信息，包括它的名称、方法、属性和事件。在用例视图中可以直接创建类，在类的下面也可以创建其他的模型元素，这些模型元素包括类的属性(Attribute)、类的操作(Operation)、嵌套类(Nested Class)、状态图(Statechart Diagram)和活动图(Activity Diagram)等。在浏览器中右击某个类，弹出在该类中允许创建的模型元素。

在类下面可以创建的模型元素和在参与者下可以创建的模型元素是相同的，事实上，参与者也是一个类。

在用例视图下，允许创建类图。类图提供了结构图类型的一个主要实例，并提供了一组记号元素的初始集，供所有其他结构图使用。在用例视图中，类图主要提供了各种参与者和用例中对象的细节信息。在用例视图下，也允许创建协作图、序列图、状态图或活动图，协作图表达各种参与者和用例之间的交互协作关系，序列图表达各种参与者和用例之间的交互序列关系，状态图主要用来表达各种参与者或类的状态之间的转换，活动图主要用来表达参与者的各种活动之间的转换。

文件(File)是指能够连接到用例视图中的一些外部文件，它可以详细介绍用例视图的各种使用信息，甚至可以包括错误处理等信息。

URL 地址是指能够连接到用例视图的一些外部 URL 地址。这些地址用于介绍用例视图的相关信息。

在项目开始的时候，项目开发小组可以选择用例视图进行业务分析，确定业务功能模型，完成系统的用例模型。客户、系统分析人员和系统的管理人员根据系统的用例模型和相关文档确定系统的高层视图。一旦客户同意分析用例模型，就确定了系统的范围。然后就可以在逻辑视图中继续开发，关注在用例中提取的功能的具体分析。

3.3.2 逻辑视图

逻辑视图关注系统是如何实现用例中所描述的功能的，主要是对系统功能性需求提供支持，即在为用户提供服务方面，系统所应该提供的功能。在逻辑视图中，用户将系统更加详细地分解为一系列的关键抽象，将这些大多数来自问题域的事物通过采用抽象、封装和继承的原理，使之表现为对象或对象类的形式，借助类图和类模板等手段，提供系统的详细设计模型图。类图用来显示一个类的集合和它们的逻辑关系有关联、使用、组合、继承关系等。相似的类可以划分成为类集合。类模板关注单个类，它们强调主要的类操作，并且识别关键的对象特征。如果需要定义对象的内部行为，则使用状态转换图或状态图完成。公共机制或服务可以在工具类(Class Utility)中定义。对于数据驱动程度高的应用程序，可以使用其他形式的逻辑视图，如 E-R 图，代替面向对象的方法(object oriented approach)。

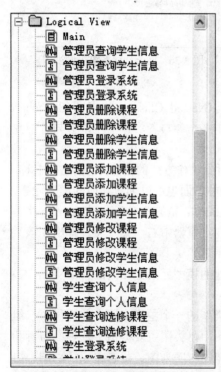

图 3-37 逻辑视图

在逻辑视图下的模型元素包括类、类工具、用例、接口、类图、用例图、协作图、顺序图、活动图和状态图等。其中有多个模型元素与用例视图中的模型元素是相同的，这些相同的模型元素的界面请参考用例视图中的相关图示，这里只给出不重复的图形示例。充分利用这些细节元素，系统建模人员可以构造出系统的详细设计内容。在 Rational Rose 的浏览器中的逻辑视图如图 3-37 所示。

在逻辑视图中，同样可以创建一些模型元素。

类(Class)。在逻辑视图中主要是对抽象出来的类进行详细的定义，包括确定类的名称、方法和属性等。系统的参与者在这个地方也可以作为一个类存在。在类中也可以创建其他的模型元素，这些模型元素包括类的属性、类的操作、嵌套类、状态图和活动图等，与前面在用例视图中创建的信息相同。

工具类(Class Utility)仍然是类的一种，是对公共机制或服务的定义，通常存放一些静态的全局变量，用来方便其他类对这些信息进行访问。

接口(Interface)和类不同，类可以有真实的实例，但接口必须至少有一个类实现它。

包。使用包可以将逻辑视图中的各种 UML 图或模型元素按照某种规则划分。

类图(Class Diagram)用于浏览系统中的各种类、类的属性和操作，以及类与类之间的关系。类图在建模过程中是一个非常重要的概念，必须了解类图的原因有两个：一是它能够显示系统分类器的静态结构，系统分类器是类、接口、数据类型和构件的通称；二是类图为 UML 描述的其他结构图提供了基本标记功能。开发者可以认为类图是为他们特别建立的一张描绘系统各种静态结构代码的表，但是其他的团队成员发现它们也是有用的，如业务分析师可以用类图为系统的业务远景建模等。其他的图，包括活动图、序列图和状态图等，也可以参考类图中的类进行建模和文档化。与在用例视图下相同，在类图下也可以创建连接与类图相关的文件和 URL 地址。在浏览器中右击某个类图，可以看到在该类图中允许创建的元素。

用例图(Use Case Diagram)。在逻辑视图中也可以创建用例图，其功能和在逻辑视图中介绍的一样，只是放在不同的视图区域中。与在用例视图下相同，在用例图下可以创建连接用例图的相关文件和 URL 地址。在浏览器中右击某个用例图，可以看到在该用例图中允许创建的元素。

协作图(Collaboration Diagram)主要用于按照各种类或对象交互发生的一系列协作关系，显示这些类或对象之间的交互。协作图中可以有对象和主角实例，以及描述它们之间关系和交互的连接和消息。通过说明对象间是如何通过互相发送消息实现通信的，协作图描述了参与对象中发生的情况。你可以为用例事件流的每一个变化形式制作一个协作图。与在用例视图下相同，在协作图下也可以创建连接协作图的相关文件和 URL 地址。在浏览器中右击某个协作图，可以看到在该协作图中允许创建的元素。

序列图(Sequence Diagram)主要用于按照各种类或对象交互发生的一系列顺序，显示各种类或对象之间的交互。它的重要性和类图相似，开发者通常认为序列图对他们非常有意义，因为序列图显示了程序是如何在时间和空间中在各个对象的交互作用下逐步执行的。当然，对于组织的业务人员，序列图显示了不同的业务对象如何交互，对于交流当前业务如何进行也是很有帮助的。这样，除了记录组织的当前事件，一个业务级的序列图还能当成一个需求文件使用，为实现一个未来系统传递需求。在项目的需求阶段，分析师能通过提供一个更加正式层次的表达，把用例带入下一层次。在那种情况下，用例常常被细化为一个或者更多的序列图，这样对于组织的技术人员，序列图在记录一个未来系统的行为应该如何表现时非常有用。在设计阶段，架构师和开发者能使用序列图，挖掘出系统对象间的交互，如何充实整个系统设计，就是序列图的主要用途之一，即把用例表达的需求转化为进一步、更加正式层次的精细表达。用例常常被细化为一个或者更多的序列图。序列图除了在设计新系统方面的用途，还能用来记录一个存在系统(称为"遗产")的对象现在是如何交互的。当把这个系统移交给另一个人或组织时，这个文档很有用。与在用例视图下相同，在序列图下也可以创建连接序列图的相关文件和 URL 地址。在浏览器中右击某个序列图，可以看到在该序列图中允许创建的元素。

状态图(Statechart Diagram)主要用于描述各个对象自身所处状态的转换，用于对模型元素的动态行为进行建模，更具体地，就是对系统行为中受事件驱动的方面进行建模。状态机专门用于定义依赖状态的行为(即根据模型元素所处的状态而有所变化的行为)。其行为不会随着其元素状态发生变化的模型元素不需要用状态机来描述其行为(这些元素通常是主要负责管理数据的被动类)。状态机由状态组成，各状态由转移标记连接在一起。状态是对象执行某项活动或等待某个事件时的条件。转移是两个状态之间的关系，它由某个事件触发，然后执行特定的操作或评估并导致特定的结束状态。与在用例视图下相同，在状态图下也可以创建各种元素，包括状态、开始状态和结束状态以及连接状态图的相关文件和 URL 地址等。在浏览器中右击某个状态图，可以看到在该状态图中允许创建的元素。

活动图(Activity Diagram)。在一个活动图中可以包括以下元素：①活动状态，表示在工作流程中执行某个活动或步骤；②状态的转移，表示各种活动状态的先后顺序，这种转移可称为完成转移,它不同于一般的转移,因为它不需要明显的触发器事件,而是通过完成活动(用活动状态表示)触发;③分叉,活动完成后将执行一组备选转移中的哪一个转移;④分支,用于连接平行分支流。与在用例视图下相同,在活动图下也可以创建各种元素,包括状态(State)、活动(Activity)、开始状态(Start State)、结束状态(End State)、泳道(Swimlane)和对象(Object)等,还包括连接活动图的相关文件和 URL 地址。在浏览器中选择某个活动图,右击,可以看到在该活动图中允许创建的元素。

文件(File)是指能够连接到逻辑视图中的一些外部文件,用来详细介绍使用逻辑视图的各种信息。

URL 地址是指能够连接到逻辑视图的一些外部 URL 地址。这些地址用于介绍逻辑视图的相关信息。

在逻辑视图中关注的焦点是系统的逻辑结构。在逻辑视图中,不仅要认真抽象出各种类的信息和行为,还要描述类的组合关系等,尽量产生出能够重用的各种类和构件,这样就可以在以后的项目中,方便地添加现有的类和构件,而不需要一切从头再开始一遍。一旦标识出各种类和对象并描绘出这些类和对象的各种动作和行为,就可以转入构件视图中,以构件为单位勾画出整个系统的物理结构。

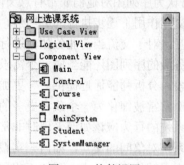

图 3-38　构件视图

3.3.3　构件视图

构件视图用来描述系统中各个实现模块以及它们之间的依赖关系。构件视图包含模型代码库、执行文件、运行库和其他构件的信息,但是按照内容划分,构件视图主要由包、构件和构件图构成。包是与构件相关的组。构件是不同类型的代码模块,它是构造应用的软件单元,构件可以包括源代码构件、二进制代码构件以及可执行构件等。在构件视图中也可以添加构件的其他信息,如资源分配情况以及其他管理信息等。构件图显示各构件及其之间的关系,构件视图主要由构件图构成。一个构件图可以表示一个系统全部或者部分的构件体系。从组织内容上看,构件图显示了软件构件的组织情况以及这些构件之间的依赖关系。构件视图下的元素包括各种构件、构件图以及包等。在 Rational Rose 的浏览器中的构件视图如图 3-38 所示。

在构件视图中,同样可以创建一些模型元素。在浏览器中右击 Component View(构件视图)选项,可以看到在该视图中允许创建的模型元素。

包在构件视图中仍然担当划分的功能。使用包可以划分构件视图中的各种构件,不同功能的构件可以放置在不同逻辑视图的包中。将构件放置在某个包中的时候,需要认真考虑包与包之间的关系,这样才能达到在以后的开发程序中重用的目的。

构件(Component)。构件图中最重要的模型要素就是构件,构件是系统中实际存在的可更换部分,它实现特定的功能,符合一套接口标准并实现一组接口。构件代表系统中的一部分物理实施,包括软件代码(源代码、二进制代码或可执行代码)或其等价物(如脚本或命令文件)。在图中,构件用一个带有标签的矩形表示。在构件下可以创建连接构件的相关文件和URL 地址。

构件图(Component Diagram)的主要目的是显示系统构件间的结构关系。构件必须有严格的逻辑，设计时必须进行构造，其主要思想是能够很容易地在设计中被重用或被替换成一个不同的构件实现，因为一个构件一旦封装了行为，实现了特定接口，那么这个构件就围绕实现这个接口的功能存在，而功能的完善或改变意味着这个构件需要改变。在构件图下也可以创建连接构件的相关文件和 URL 地址。

文件(File)是指能够连接到构件视图中的一些外部文件，用来详细介绍使用构件视图的各种信息。

URL 地址是指能够连接到构件视图的一些外部 URL 地址。这些地址用于介绍构件视图的相关信息。

在以构件为基础的开发(CBD)中，构件视图为架构设计师提供了一个开始为解决方案建模的自然形式。构件视图允许架构设计师验证系统的必需功能是否是由构件实现的，这样确保了最终系统将会被接受。除此之外，构件视图在不同小组的交流中还担当交流工具的作用。对于项目负责人，当构件视图将系统的各种实现连接起来的时候，构件视图能够展示对将要建立的整个系统的早期理解。对于开发者，构件视图给他们提供了将要建立的系统的高层次的架构视图，这将帮助开发者开始建立实现的路标，并决定关于任务分配及(或)增进需求技能。对于系统管理员，他们可以获得将运行于他们系统上的逻辑软件构件的早期视图。虽然系统管理员将无法从图上确定物理设备或物理的可执行程序，但是，他们仍然能够通过构件视图较早地了解关于构件及其关系的信息，了解这些信息能够帮助他们这一些系统管理员轻松地计划后面的部署工作。如何进行部署那就需要用部署视图了。

3.3.4 部署视图

部署视图显示的是系统的实际部署情况，它是为了便于理解系统在一组处理节点上的物理分布。在系统中，只包含有一个部署视图，用来说明各种处理活动在系统各节点的分布。但是，这个部署视图可以在每次迭代过程中都改进。部署视图中包括进程、处理器和设备。进程是在自己的内存空间执行的线程；处理器是任何有处理功能的机器，一个进程可以在一个或多个处理器上运行；设备是指没有任何处理功能的机器。图 3-39 显示了一个部署视图结构。

在部署视图中，可以创建处理器和设备等模型元素。在浏览器中右击 Deployment View(部署视图)选项，可以看到在该视图中允许创建的模型元素。

图 3-39 部署视图

处理器(Processor)是指任何有处理功能的节点。节点是各种计算资源的通用名称，包括处理器和设备两种类型。在每一个处理器中允许部署一个或几个进程，并且在处理器中可以创建进程，它们是拥有自己内存空间的线程。线程是进程中的实体，一个进程可以拥有多个线程，一个线程必须有一个父进程。线程不拥有系统资源，只运行一些必需的数据结构；它与父进程的其他线程共享该进程所拥有的全部资源。可以创建和撤销线程，从而实现程序的并发执行。设备(Device)是指没有处理功能的任何节点，如打印机。

文件是指能够连接到部署视图中的外部文件，用来详细介绍使用部署视图的各种信息。

URL 地址是指能够连接到部署视图的外部 URL 地址，用于介绍部署视图的相关信息。

部署视图考虑的是整个解决方案的实际部署情况，所描述的是在当前系统结构中所存在的设备、执行环境和软件运行时的体系结构，它是对系统拓扑结构的最终物理描述。系统的拓扑结构描述了所有硬件单元，以及在每个硬件单元上执行的软件的结构。在这样的一种体系结构中，可以通过部署视图查看拓扑结构中任何一个特定的节点，了解正在该节点上组件的执行情况，以及该组件中包含了哪些逻辑元素（如类、对象、协作等），并且最终能够从这些元素追溯到系统初始的需求分析阶段。

3.4　Rational Rose 双向工程

在 Rational 中提供了根据模型元素转换成相关目标语言代码和将代码转换成模型元素的功能，称为"双向工程"。这极大地方便了软件开发人员的设计工作，能够使设计者把握系统的静态结构，起到帮助编写优质代码的作用。

3.4.1　正向工程

Rational Rose Enterprise 版本对 UML 提供了很多支持，可以使用多种语言进行代码生成，这些语言包括 Java、Visual Basic、Visual C++、Oracle 8 和 XML_DTD 等。可以通过选择"Tools"下的"Options"选项查看其所支持的语言信息，如图 3-40 所示。

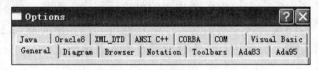

图 3-40　语言信息

正向工程主要是从 Rational Rose 模型中的一个或者多个类图生成源代码的过程，下面以 Java 语言为例介绍正向工程操作步骤。

(1)选择待转换的目标模型。

在 Rational Rose 中打开已经设计好的目标图形，选择需要转换的类、构件或包。使用 Rational Rose 生成代码一次可以生成一个类、一个构件或一个包，通常在逻辑视图的类图中选择相关的类，在逻辑视图或构件视图中选择相关的包或构件。选择相应的包后，在这个包下的所有类模型都会转化成目标代码。

(2)检查 Java 语言的语法错误。

Rational Rose 拥有独立于各种语言之外的模型检查功能，通过该功能能够在代码生成前保证模型的一致性。在生成代码前最好检查一下模型，发现并处理模型中的错误和不一致性，使代码正确生成。

通过选择 Tools/Check Model(检查模型)选项可以检查模型的正确性，将出现的错误写在下面的日志窗口中。常见的错误包括对象与类不映射等。对于在检查模型错误时出现的这些错误，需要及时校正。在 Report(报告)工具栏中，可以通过 Show Usage、Show Instances、Show Access Violations 等功能辅助校正错误。通过选择"Tools"中"Java"菜单下的 Syntax Check(语法检查)选项可以进行 Java 语言的语法检查。如果检查出一些语法错误，也将在日志中显示。

(3)设置代码生成属性。

在 Rational Rose 中，可以对类、类的属性、操作、构件和其他一些元素设置一些代码生成属性。通常，Rational Rose 提供默认的设置。可以通过选择 Tools 下的 Options 选项自定义设置这些代码生成属性。设置这些生成属性后，将会影响模型中使用 Java 实现的所有类，如

图 3-41 所示。

对单个类进行设置的时候，可以通过某个类，选择该类的规范窗口，在对应的语言中改变相关属性。

（4）生成代码。

在使用 Rational Rose Enterprise 版本进行代码生成之前，一般需要将一个包或组件映射到一个 Rational Rose 的路径目录中，指定生成路径。通过选择 Tools 中 Java 菜单下的 Project Specification（项目规范）选项可以设置项目的生成路径，如图 3-42 所示。

图 3-41　设置代码生成属性

图 3-42　设置路径

在项目规范（Project Specification）对话框中的 Classpaths 文本框中添加生成的路径，可以选择目标是生成在一个 jar/zip 文件中还是生成在一个目录中。

在设定完生成路径之后，可以在工具栏中选择 Tools 中 Java 菜单下的 Generate Code（生成代码）选项生成代码。

3.4.2　逆向工程

在 Rational Rose 中，可以通过收集有关类、类的属性、类的操作、类与类之间的关系以及包和构件等静态信息，将这些信息转化成为对应的模型，在相应的图中显示出来。将下面的 Java 代码 time.java 逆向转化为 Rational Rose 中的类图。

程序逆向工程代码 time.java 示例：

```java
public class Time{
    public Time(String hour,int minute,int second){
        this.hour=hour;
```

```
        this.minute= minute;

        this.second= second;

    }

    public void printHour(){

        System.out.println("小时: "+getHour());

    }

    public void printMinute(){

        System.out.println("分钟: "+getMinute());

    }

    public void printSecond(){

        System.out.println("秒: "+getSecond ());

    }

}
```

在该程序中，定义一个 Time 类的构造函数，还定义了三个公共的操作，分别是 printHour、printMinute 和 printSecond。在设定完生成路径后，可以在工具栏中通过选择 Tools（工具）中 Java 菜单下的 Reverse Engineer（逆向工程）选项进行逆向工程的生成。生成的类如图 3-43 所示。

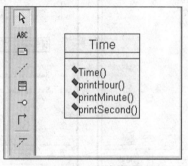

图 3-43　生成类图

3.5　总　　结

本章介绍了 UML 建模工具 Rational Rose 的安装步骤、基本操作、视图以及双向工程。希望通过这一章的学习，读者能够掌握 Rational Rose 工具软件的使用方法，为后面使用 Rational Rose 建立 UML 模型打下良好的基础。

习　　题

1. 填空题

(1)_____、_____、_____和_____是 Rational Rose 建立的 Rose 模型中的四种视图。

(2)在系统中，只包含一个_____视图，用来说明各种处理活动在系统各节点的分布。

2. 选择题

(1)在用例视图下可以创建（　　）。

A. 类图　　　　　　　　B. 构件图　　　　　　　C. 包　　　　　　　D. 活动图

（2）Rational Rose 建模工具可以执行的任务有（　　）。

A．非一致性检查　　　　　　　　　　B．生成 C++语言代码

C．报告功能　　　　　　　　　　　　D．审查功能

（3）Rational Rose 默认支持的目标语言包括（　　）。

A. Java　　　　　　　B. Corba　　　　　　C. Visual Basic　　　　D. Delphi

3. 简答题

（1）简述 Rational Rose 进行正向工程的步骤。

（2）简述 Rational Rose 各个视图及其作用。

第4章 用 例 图

用例模型是把应满足用户需求的基本功能集合起来表示的强大工具。对于正在构造的新系统，用例描述系统应该做什么；对于已构造完毕的系统，用例则反映了系统能够完成什么样的功能。构建用例模型是通过开发者与客户(系统使用者)共同协商完成的，他们要反复讨论需求的规格说明，达成共识，明确系统的基本功能，为后续各阶段的工作打下基础。

4.1　用例图概述

在一个系统的不同 UML 视图中，用例视图是处于核心地位、起着支配作用的视图。用例视图描述的是系统外部可见的行为。因此，在软件开发开始考虑所提出的系统的需求的情况下，用例视图确立了一种强制力量，驱动和约束着后续的开发。用例视图展示的是系统功能的结构化视图。在 UML 中，用例视图是用例图描述的，用例模型可以由若干用例图组成。

由参与者、用例以及它们之间的关系构成的用于描述系统功能的 UML 模型图称为用例图。在 UML 的表示中，要在用例图上绘制一个参与者(表示一个系统用户)，可绘制一个人形符号；要在用例图上显示某个用例，可绘制一个椭圆，然后将用例的名称放在椭圆的中心或椭圆下面的中间位置；参与者和用例之间的关系用带箭头或者不带箭头的线段描述，箭头表示在这一关系中哪一方是对话的主动发起者，箭头所指方是对话的被动接受者。图 4-1 显示的是一个借阅者的用例图。

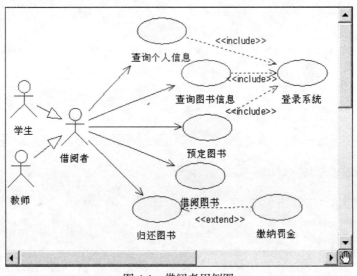

图 4-1　借阅者用例图

在用例图中，系统仿佛是实现各种用例的"黑盒子"，人们往往只关心该系统实现了哪些功能，并不关心内部的具体实现细节(如系统是如何做的？用例是如何实现的？)。用例图主要应用在工程开发的初期，进行系统需求分析时使用。通过分析描述使开发者在头脑中明确需要开发的系统功能有哪些。理想地，用例图应该是客户、最终用户、领域专家、测试人员和任何其他的涉及系统的人员，不需要详细了解系统结构和实现就容易理解的。用例图不描述软件系统的组织或结构，它的作用是给设计者施加约束，设计者必须设计出一个能够提供用例视图中指定的功能的结构。

引入用例的主要目的如下。

(1)确定系统应具备哪些功能，这些功能是否满足系统的需求(开发者与用户协商达成共识的东西)。

(2)为系统的功能提供清晰一致的描述，以便为后续的开发工作打下良好的交流基础，方便开发人员传递需求的功能。

(3)为系统验证工作打下基础，通过验证最终实现的系统能够执行的功能是否与最初需求的功能一致，保证系统的实用性。

(4)从需求的功能(用例)出发提供跟踪进入系统中具体实现的类和方法，检查其是否正确的能力，特别是为复杂系统建模时，常用用例模型构造系统的简化版本(精化系统的变化和扩展能力)使系统不要过于复杂。然后，利用该用例模型跟踪对系统的设计和实现有影响的用例，简化版本构造正确之后，通过扩展完成复杂系统的建模。

用例图在建模过程中居于非常重要的位置，影响着系统中逻辑和物理架构的构建和解决方案(满足基本功能需求)的实现，因为它是客户和开发者共同协商反复讨论确定的系统基本功能集。各种不同的人员需要使用用例图。客户使用它，因为它详细说明了系统应有的功能，且描述了系统的使用方法，这样当客户选择执行某个操作之前，就能知道模型的工作是否与他的愿望相符；开发者使用它，因为它帮助开发者理解系统应该做些什么工作，为其将来的开发工作奠定基础；系统集成和测试的人员使用它，因为它可用于验证被测试的实际系统与其用例图中说明的功能是否一致；还有涉及市场、销售、技术支持和文档管理这些方面的人员也同样关心用例图。

开发者既可以把用例图用于构建一个新系统的功能视图，还可以把已有的用例视图修改或扩充后产生新的版本，也就是在现有的视图上加入新功能，即在视图中加入新的参与者和用例。

4.2　用例图组成要素及表示方法

用例图(Sequence Diagram)描述了参与者、用例以及它们之间的关系。用例图包含如下三个方面的基本内容：参与者、用例、关系(关联关系、泛化关系、包含关系和扩展关系)。用例图也可以包含注释、约束和包，有时还可以把用例的实例引入用例图中。

4.2.1　参与者

参与者是与系统或者子系统发生交互作用的外部用户、进程或其他系统的理想化概念。作为外部用户与系统发生交互作用，这是参与者的特征。在系统的实际运作中，一个实际用户可能对应系统的多个参与者。不同的用户也可以只对应一个参与者，从而代表同一参与者的不同实例。

在 UML 中，参与者用人形图标表示，参与者的名称一般是名词或名词短语，写在人形图标下面，如图 4-2 所示。

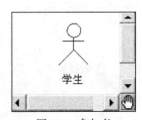

图 4-2　参与者

参与者必须与系统有交互，如果与系统没有交互则不是参与者。所谓"与系统交互"指的是参与者向系统发送消息，从系统中接收消息，或是在系统中交换信息。只要使用用例，与系统互相交流的任何人或事都是参与者。例如，某人使用系统中提供的用例，则该人就是参与者；与系统进行通信(通过用例)的某种硬件设备也是参与者。

参与者是一个群体概念，代表一类能使用某个功能的人或事，参与者不是指某个个体。如在自动售货系统中，系统有售货、供货、提取销售款等功能，启动售货功能的是人，那么人就是参与者。如果再把人具体化，则该人可以是张三(张三买矿泉水)，也可以是李四(李四买可乐)，但是张三和李四这些具体的个体对象不能称为参与者。事实上，一个具体的人(如张三)在系统中可以具有多种不同的角色，代表多种不同的参与者。例如，上述的自动售货系统中，张三既可以为售货机添加新物品(执行供货)，也可以将售货机中的钱取走(执行提取销售款)，通常系统会对参与者的行为有所约束，使其不能随便执行某些功能。例如，可以约束供货的人不能同时又是提取销售款的人，以免有舞弊行为。参与者都有名字，它的名字反映了该参与者在参与用例时所担当的角色(如顾客)。注意，不能将参与者的名字表示成参与者的某个实例(如张三)，也不能表示成参与者所需完成的功能(如售货)。

参与者必须是系统外的，如果是将要开发的系统或者是系统的一部分，则不是参与者。外部用户如果通过标准的输入和输出设备(鼠标、键盘)与系统进行交互，则用户是参与者。如果用户通过其他特殊的设备与系统交互，则设备是参与者。例如，在气象观测系统中，获取温度、气压和湿度等气象数据需要借助温度计、气压计和湿度计，则温度计、气压计和湿度计是参与者，用户不再是参与者。

通过回答下列的一些问题，可以帮助建模者发现参与者。

(1)使用系统主要功能的人是谁？

(2)需要借助系统完成日常工作的人是谁？

(3)谁来维护管理系统保证系统正常工作？

(4)系统控制的硬件设备有哪些？

(5)系统需要与哪些其他系统交互？其他系统包括计算机系统，也包括该系统将要使用的计算机中的其他应用软件。其他系统也分成两类：一类是启动该系统的系统；另一类是该系统要使用的系统。

(6)对系统产生的结果感兴趣的人或事是哪些？

在寻找系统用户的时候，不要只把目光停留在使用计算机的人员身上，直接或间接地与系统交互或从系统中获取信息的任何人和任何事都是用户。

4.2.2 用例

用例是外部可见的一个系统功能单元,这些功能由系统单元提供，并通过一系列系统单元与一个或多个参与者之间交换的消息表达。用例的用途是在不揭示系统内部构造的情况下定义连贯的行为。

图4-3 用例

在 UML 中，用例用一个椭圆表示，用例的名字可以写在椭圆的下方或者中间，如图 4-3 所示。每个用例都必须有一个唯一的名字以区别于其他用例。用例的名字是一个动词短语字符串。通常用用例实际执行功能的名字命名用例，如处理订单等。用例的名称一般应反映出用例的含义，符合"见名知义"的要求。

用例的定义包含用例所必需的所有行为：执行用例功能的主线次序、标准行为的不同变形、一般行为下的所有异常情况及其预期反应。从用户角度来看,上述情况很可能是异常情况；从系统角度来看,它们是必须被描述和处理的附加情况。

在模型中,每个用例的执行独立于其他用例,虽然在具体执行一个用例功能时由于用例之间共享对象的缘故可能会造成本用例与其他用例之间有这样或那样的隐含的依赖关系。每一个用例都是一个纵向的功能块,这个功能块的执行会和其他用例的执行发生混杂。

用例的动态执行过程可以用 UML 的交互作用说明,可以用状态图、顺序图、协作图或非正式的文字描述表示。用例功能的执行通过类之间的协作实现。一个类可以参与多个协作,因此也参与了多个用例。

在系统层,用例表示整个系统对外部用户可见的行为。一个用例就像外部用户可使用的系统操作。然而,它又与操作不同,用例可以在执行过程中持续接收参与者的输入信息。用例也可以被像子系统和独立类这样的小单元所应用。一个内部用例表示了系统的一部分对另一部分呈现出的行为。例如,某个类的用例表示了一个连贯的功能,这个功能是该类提供给系统内其他有特殊作用的类的。一个类可以有多个用例。

用例是对系统一部分功能的逻辑描述,它不是明显的用于系统实现的构件。不仅如此,每个用例必须与实现系统的类相映射。用例的行为与类的状态转换和类所定义的操作相对应。只要一个类在系统的实现中充当多重角色,那么它将实现多个用例的一部分功能。设计过程的一部分工作即在不引入混乱的情况下,找出具有明显的多重角色的类,以实现这些角色所涉及的用例功能。用例功能靠类间的协作实现。

实际上,从识别参与者,发现用例的过程就已经开始了。对于已识别的参与者,通过询问下列问题就可发现用例。

(1)参与者需要从系统中获得哪种功能？参与者需要做什么？

(2)参与者需要读取、产生、删除、修改或存储系统中的某种信息吗？

(3)系统中发生的事件需要通知参与者吗？或者参与者需要通知系统某件事吗？这些事件(功能)能干些什么？

(4)如果用系统的新功能处理参与者的日常工作是简单化了,还是提高了工作效率？还有一些可能与当前参与者无关的问题,也能帮助建模者发现用例。

(5)系统需要的输入/输出是什么信息？这些输入/输出信息从哪儿来到哪儿去？

(6)系统当前的这种实现方法要解决的问题是什么(也许是用自动系统代替手工操作)？

4.2.3 关系

用例图中,除了参与者与用例之间的关联关系,参与者和参与者之间可以有泛化关系,用例和用例之间也可以有泛化关系、包含关系和扩展关系。

1. 关联关系

参与者与用例之间通常用关联关系描述,表示二者之间的通信路径。每个参与者可以参与一个或多个用例,它通过交换信息与用例发生交互作用(因此也与用例所在的系统或类发生了交互作用)。

在 UML 中,参与者与用例之间的关联关系使用带箭头或者不带箭头的实线表示,如图 4-4 所示。

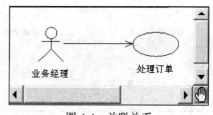

图 4-4　关联关系

2. 泛化关系

参与者可以通过泛化关系定义,在这种泛化关系中,一个参与者的抽象描述可以被一个或多个具体的参与者共享。参与者之间泛化关系的含义:把某些参与者的共同行为抽取出来表示成通用行为,且把它们描述成为超类(或者父类)。这样,在定义某一具体的参与者时,仅把具体的参与者所特有的那部分行为定义一下就行了,具体参与者的通用行为则不必重新定义,只要继承超类中相应的行为即可。

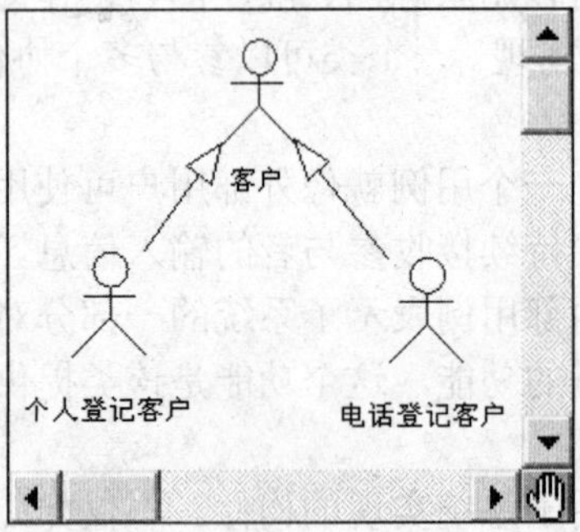

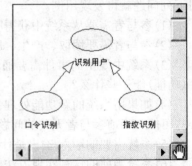

参与者之间的泛化关系用带空心三角形作为箭头的直线表示,箭头端指向超类。图 4-5 是保险业务中部分参与者之间的关系,其中客户类就是超类,它描述了客户的基本行为,如选择险种。由于客户申请保险业务的方式可以不同,故又可以把客户具体分为两类:一类是用电话委托方式申请(用电话申请客户表示);另一类则是亲自登门办理(用个人登记客户表示)。显然,电话申请客户与个人登记客户的基本行为与客户一致,这两个参与者的差别是申请的方式不同。于是,在定义这两个类的行为时,基本行为可以从客户类中继承得到,从而不必重复定义,与客户类不同的行为则定义在各自的参与者类中。

图 4-5 参与者之间的泛化关系

一个用例也可以被特别列举为一个或多个子用例,即用例之间也具有泛化关系。如果系统中一个或多个用例是某个一般用例的特殊化时,就需要使用用例的泛化关系。在 UML 中,用例泛化与其他泛化关系的表示法相同,用一个三角箭头从子用例指向父用例。

用例之间的泛化关系通常用于同一业务目的不同技术实现的建模。如图 4-6 所示,识别用户的身份既可以通过验证口令的方式,也可以通过扫描指纹的方式。无论是口令识别和指纹识别,其目的都是一样的,即识别用户身份,二者仅实现的技术方式不同。因此,识别用户用例是超类用例,口令识别和指纹识别是子类用例。

图 4-6 用例之间的泛化关系

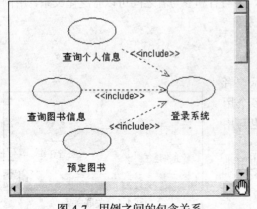

图 4-7 用例之间的包含关系

3. 包含关系

一般情况下,如果若干个用例的某些行为都是相同的,则可以把这些相同的行为提取出来单独成为一个用例,这个用例称为被包含用例。这样,当某个用例使用该被包含用例时,就等于该用例包含了被包含用例的所有行为。

在 UML 中,用例之间的包含关系用含有关键字<<include>>的带箭头的虚线表示,包含关系箭头指向被包含的用例,如图 4-7 所示。

包含关系把几个用例的公共步骤分离成一个单独的被包含用例。如图 4-8 所示，在 ATM 系统中，用例 Withdraw Cash、Deposit Cash 和 Transfer Funds 都需要包含系统识别客户身份的过程，可以将此公共步骤抽取到一个名为 Identify Customer 的被包含用例中。

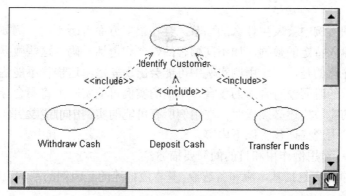

图 4-8　包含关系示例

被包含用例称为提供者用例(基本用例)，包含用例称为客户用例，提供者用例提供功能给客户使用。包含用例不能单独执行，必须与基本用例一起执行。一般情况下，包含用例没有特定的参与者，它的参与者实际上和包含它的基本用例的参与者相同。

4. 扩展关系

一个用例也可以被定义为基础用例的增量扩展,称为扩展关系。引入扩展用例的好处：便于处理基础用例中不易描述的某些具体情况，便于扩展系统，提高系统性能，减少不必要的重复工作。

在 UML 中，用例之间的扩展关系使用含有关键字<<extend>>的带箭头的虚线表示,包含关系箭头指向被扩展的用例,如图 4-9 所示。

扩展关系是把新的行为插入已有用例中的方法，基础用例的扩展增加了原有的语义。基础用例不必知道扩展用例的任何细节，它仅为其提供扩展点。基础用例即使没有扩展用例也是完整的，

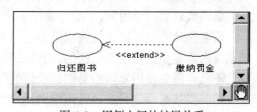

图 4-9　用例之间的扩展关系

只有特定的条件发生，扩展用例才被执行。扩展关系为处理异常或构建灵活的系统框架提供了一种十分有效的方法。

4.3　描　述　用　例

用例图只是以一种图形化的方式在总体上大致描述了系统所具有的各种功能，让人们对系统有一个总体的认识。但是图形化表示的用例本身不能提供该用例所具有的全部信息，如果想对系统有更加详细的了解，还必须描述用例不可能反映在图形上的信息。通常用文字描述用例的这些信息，用例的描述其实是一个关于角色与系统如何交互的规格说明，该规格说明要清晰明了，没有二义性。描述用例时应着重描述系统从外界看会有什么样的行为，而不管该行为在系统内部是如何具体实现的，即只管外部能力不管内部细节。

事实上，用例描述了系统和它的用户之间在一定层次上的完整的交互。例如，一个打电

话给餐馆进行预约的顾客，会和餐馆的一位将在系统中记录预约的店员讲话。为此，该店员需要充当一个接待员，即使这并不是他们正式职位的描述，并且以某种方式和系统交互。在这种情况下，该店员被认为是接待员参与者的一个实例，发生在接待员和系统之间的交互是用例的一个实例。

在用例的不同实例中会发生什么的细节，会在很多方面有所不同。例如，接待员必须要为每个新的预约输入特定的数据，如不同顾客的姓名和电话号码，这些数据在各个实例中都不相同。更值得注意的是，一个用例实例中可能会出现差错，这样将不能达到原来的目的。例如，在用户要求的时间没有合适的餐台，用例的实例可能实际上将不会导致进行一个新的预约。一个用例的完整描述必须指明，在用例所有可能的实例中可能发生什么。

通常情况下，用例描述包含以下内容。

(1) 简要说明：对用例作用和目的的简要描述。

(2) 事件流：事件流包括基本流和备选流。基本流描述的是用例的基本流程，是指用例"正常"运行时的场景。

(3) 用例场景：同一个用例在实际执行的时候会有很多不同的情况发生，称为用例场景，也可以认为用例场景就是用例的实例。

(4) 特殊需求：特殊需求指一个用例的非功能性需求和设计约束。特殊需求通常是非功能性需求，包括可靠性、性能、可用性和可扩展性等。例如，法律或法规方面的需求、应用程序标准和所构建系统的质量属性等。

(5) 前置条件：执行用例之前系统必须所处的状态。例如，前置条件是要求用户有访问的权限或是要求某个用例必须已经执行完。

(6) 后置条件：用例执行完毕后系统可能处于的一组状态。例如，要求在某个用例执行完后，必须执行另一个用例。

需要强调的是，描述用例仅是为了从外部用户的角度识别系统能完成什么样的工作，至于系统内部是如何实现该用例的(用什么算法等)则不用考虑。描述用例的文字一定要清楚、前后一致，避免使用复杂的易引起误解的句子，方便用户理解用例和验证用例。

用例描述必须定义在执行用例时用户和系统之间可能的交互。这些交互可以作为一种对话描绘，其中用户对系统执行一些行为，系统于是以某种方式响应。这样的对话一直进行到该用例实例结束。

4.3.1 事件流

交互可以区分为"正常"交互和其他各种情况的交互。在正常交互中，用例的主要目标可以没有任何问题并且不中断地达到，而在其他情况中一些可选的功能会被调用，或者由于出错而不能完成正常的交互。正常情况称为基本事件流(basic course of events)，其他情况称为备选的(alternative)或例外的(exceptional)事件流，取决于它们是备选的还是错误的。一个用例描述的主要部分是对用例所指定的各种事件流的说明。

例如，在"记录预约"用例中，基本事件流将描述这样的情况：一位顾客打电话进行预约，在要求的日期和时间有一张合适的餐台是空闲的，接待员输入顾客的姓名和电话号码，并记录预约。这样的事件流能够以稍微结构化的方式表示，以强调用户的动作和系统响应之间的交互。

记录预约：基本事件流。

(1) 接待员输入要预约的日期。

(2)系统显示该日的预约。

(3)有一张合适的餐台可以使用；接待员输入顾客的姓名和电话号码、预约的时间、用餐人数和餐台号。

(4)系统记录并显示新的预约。

在一个事件流中，常常会想到包含类似"接待员询问顾客将要来多少人"这样的交互。其实这是背景信息，而不是用例的基本部分。事件流要记录的重要事情是用户输入到系统的信息，而不是该信息是如何获得的。而且，包含背景的交互会使用例不如它在不包含时该有的可复用性，而且使得系统的描述比本来需要的更复杂。

例如，假定在餐馆关门时顾客在答录电话上留下了预约请求，这将由接待员在每天开始营业时处理。上面给出的基本事件流，对接待员直接同顾客讲话或者从录音信息中取得的详细信息，同样适用：单一的用例"记录预约"将这两种情况都包括在内了。然而，如果用例描述包含对接待员和顾客的对话的引用，在处理一条录音信息时它将不能适用，就需要一个不同的用例。

如果在顾客要求的日期和时间没有可用的餐台，上面描述的基本事件流就不能完成。在这种情况下会发生什么可以通过一个备选事件流描述。

记录预约——没有可用的餐台：备选事件流。

(1)接待员输入要求预约的日期。

(2)系统显示该日的预约。

(3)没有合适的餐台可以使用，用例终止。

这看起来有些简单，但是至少告诉我们，在这一点必须可能中断基本事件流。在后续的迭代中，将可能为这种情况定义另外的功能，例如，可能将顾客的请求输入一个等待名单中。注意，确定是否能够进行预约是接待员的职责，系统所能做的只是在输入预约数据后核对餐台实际是可用的。

备选事件流描述的情况，可以作为营业的一个正常部分出现，它们并没有指出产生了误解，或者发生了错误。在另外一些情况下，也许因为一个错误或用户的疏忽而不可能完成基本事件流，这些情况则由例外事件流描述。

例如，我们能够预料在餐馆客满时会有许多顾客要求预约，接待员没有任何办法解决这个问题，所以要通过一个备选事件流描述。相反地，如果接待员错误地试图将一个预约分配到过小的不够所要求的就餐者人数的餐台就座时，这可能就要作为一个例外事件流描述了。

记录预约——餐台过小：例外事件流。

(1)接待员输入要求预约的日期。

(2)系统显示该日的预约。

(3)接待员输入顾客的姓名和电话、预约的时间、用餐人数和餐台号。

(4)输入的预约用餐人数多于要求餐台的最大指定大小，于是系统发出一个警告讯息询问用户是否想要继续预约。

(5)如果回答"否"，用例将不进行预约而终止。

(6)如果回答"是"，预约将被输入，并附有一个警告标志。

不同类型的事件流之间的区分是非正式的，它可以使用例的总体描述组织得更容易理解。以同样的方式描述所有的事件流，在后续的开发活动中就可以用类似的方式处理。因此，如在不明确的情况中，不值得花费过多的时间决定一个特定的情况是备选的还是例外，更重要的是一定要确认给出了必需行为的详细描述。

4.3.2 描述用例模板

用例描述可能因此而包含大量信息，这就需要某种系统的方法记录这些信息。但是，UML 没有定义一种描述用例的标准方式。这样做的部分原因是，用例的意图是不拘形式地用做与系统未来用户进行沟通的一种辅助工具，所以重要的是开发人员应当有自由，用对用户有帮助并且容易理解的各种途径与用户讨论用例。尽管如此，在定义一个用例时能有一些可以考虑的结构还是有用的，为此，许多作者定义了用例描述的模板(template)。一个模板实质上是一个标题列表，每个标题概括了可能记录的一个用例的一些信息，下面以用例"记录时间日志"为例，给出一个完整的描述用例模板，如表 4-1 所示。

表 4-1 描述用例横板

用例编号		UC03
用例名称		记录时间日志
用例概述		开发人员可以随时记录自己的时间，提供"开始计时"、"暂停计时"、"停止计时"等功能，在停止时，填入任务编号(在线则选择)、工作关键字(以逗号分隔的多个)，自动生成开始时间、暂停时间、停止时间、总时长、有效时长(总时长－中断时长)
主参与者		开发人员
前置条件		用户进入"记录时间日志"程序
后置条件		将本次时间日志存入数据库
	步骤	活动
基本事件流	1	系统显示"开始"、"暂停"和"停止"按钮，但仅"开始"可用
	2	用户单击"开始"，系统记录开始时间，并将"开始"置为不可用，使"暂停"和"停止"按钮可用
	3	用户点击"停止"按钮，系统记录停止时间，并统计暂停时间、暂停次数、总时长、有效时长，并要求用户选择任务编号、输入工作关键字和相关信息。填写完成后，单击确定，用例完成
扩展事件流	3a	在此期间，若用户单击"暂停"按钮，系统则记录暂停开始时间，并使暂停次数增加 1 次，并使"暂停"按钮变为"恢复"，使"停用"按钮不可用
	3a1	当用户单击"恢复"按钮，用当前时间减去暂停开始时间得到本次暂停时间，并累加到"暂停时间"中，并使"恢复"按钮变为"暂停"，使"停用"按钮恢复可用
规则与约束		时间记录程序应以离线式工作，该程序会自动连接服务器，完成时间日志上传的工作，如果未能连接服务器，则在本机暂存时间日志

4.4 用例图建模及案例分析

学习了用例图的各种概念，下面介绍如何使用 Rational Rose 创建用例图以及用例图中的各种模型元素。

4.4.1 创建用例图

创建一个新的用例图，可以通过以下操作步骤进行。

(1)右键单击浏览器中的 Use Case View(用例视图)该视图下的包。

(2)在弹出的快捷菜单中选择 New |Sequence Diagram 命令。

(3)输入新的用例图名称。

(4)双击打开浏览器中的用例图。

如果需要在模型中删除一个用例图，可以通过以下操作步骤进行。

(1)在浏览器中选中需要删除的用例图，单击右键。

(2)在弹出快捷菜单中选择 Delete 命令。

创建新的用例图后，在 Use Case View 树型结构下多了一个名为 NewDiagram 的图标，这个图标就是新建的用例图图标。右键单击此图标，在弹出的快捷菜单中选择 Rename 命令为新创建的用例图命名。

4.4.2 用例图工具箱按钮

在用例图的工具栏中可以使用的工具按钮如表 4-2 所示，在该表中包含了所有 Rational Rose 默认显示的 UML 模型元素。

表 4-2　用例图的图形编辑工具栏按钮

按钮图标	按钮名称	用途
▷	Selection Tool	选择工具
ABC	Text Box	创建文本框
▤	Note	创建注释
▱	Package	包
◡	Use Case	用例
⚲	Actor	参与者
↱	Undirectional Association	单向关联关系
↗	Dependency or instantiates	依赖和实例化
⤴	Generalization	泛化关系

图形编辑工具栏可以进行定制，其方式为右键单击工具栏，在弹出的快捷菜单中选择 Customize，打开自定义工具栏窗口，如图 4-10 所示。在自定义工具栏窗口，左侧为可用工具栏按钮，右侧为当前工具栏按钮。选中需要添加的按钮，单击"添加"，即可增加一个新的工具栏按钮。

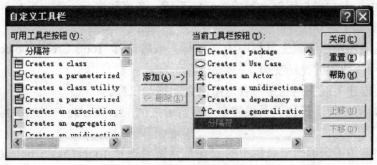

图 4-10　自定义工具栏窗口

4.4.3 创建参与者与用例

要创建参与者，首先要单击用例图工具栏中参与者的图标，然后在用例图编辑区内单击画出参与者。接下来可以对这个参与者命名，单击已画出的参与者，会弹出如图 4-11 所示对话框。在该对话框中，在 Name 框中即可修改参与者的名字。如果想对参与者进行详细说明，可以在 Document 选项卡中输入说明信息。

类似地，单击工具栏中的用例图标，然后在用例图编辑区内单击鼠标左键画出用例。单击已画出的用例，弹出如图 4-12 所示的对话框。在对话框中，可以修改用例的名称，用例的层次等。

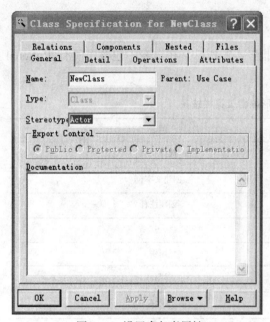

图 4-11　设置参与者属性

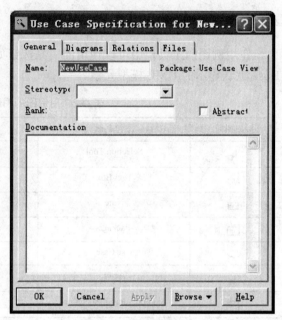

图 4-12　设置用例属性

在图形编辑区，如果觉得参与者或者用例的位置不合适，可以通过鼠标左键拖拽相关元素，使其在编辑区内任意移动。也可以对其大小进行调整，首先左键单击选中某一元素，在该元素四周会出现四个黑点，拖拽任意一个黑点即可调整相应建模元素的大小。

4.4.4 创建关系

在用例图中，参与者与用例之间的关联关系用一条直线表示。添加参与者与用例之间的关联关系的步骤如下。

(1) 单击用例图图形编辑工具栏中的┌图标，或者选择 Tools/Create object/Undirectional Association 命令，此时的光标变为 "↑" 符号。

(2) 在需要创建关联关系的参与者与用例之间拖动鼠标。

用例图中，可以使用泛化关系描述多个参与者之间的公共行为。添加参与者之间的泛化关系的步骤如下。

(1) 单击用例图图形编辑工具栏中的┛图标，或者选择 Tools/Create object/Generalization 命令，此时的光标变为 "↑" 符号。

（2）在需要创建关联关系的参与者之间拖动鼠标。

类似地，可以创建用例之间的泛化关系。

用例之间除了具有泛化关系，还具有包含关系和扩展关系。添加用例者之间的包含关系或扩展关系的步骤如下。

（1）单击用例图图形编辑工具栏中的 图标，或者选择 Tools/Create object/Dependency or instantiates 命令，此时的光标变为"↑"符号。

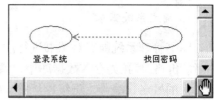

图 4-13　创建扩展关系

（2）在需要创建包含关系或扩展关系的用例之间拖动鼠标，即可在两个用例之间创建一条带箭头的虚线段，如图 4-13 所示。

（3）左键双击用例之间的虚线段，弹出如图 4-14 所示对话框。在 Stereotype 框中，选择 extend，即可创建扩展关系（若选择 include，即可创建包含关系），如图 4-15 所示。

图 4-14　设置关系类型

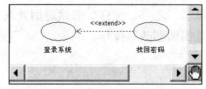

图 4-15　扩展关系示例

4.4.5　用例图建模案例

下面将以图书管理系统为例，介绍如何创建系统的用例图。创建用例图模型包含四项任务：

（1）确定系统需求。

(2)确定参与者。

(3)确定用例。

(4)构建用例模型。

1. 确定系统需求

图书管理系统能够对图书进行注册登记，也就是将图书的基本信息(如书的编号、书名、作者、价格等)预先存入数据库中，供以后检索，并且能够对借阅人进行注册登记，包括记录借阅人的姓名、编号、班级、年龄、性别、地址、电话等信息。同时，图书管理系统提供方便的查询方法。如以书名、作者、出版社、出版时间(确切的时间、时间段、某一时间之前、某一时间之后)等信息进行图书检索，并能反映图书的借阅情况；以借阅人编号对借阅人信息进行检索；以出版社名称查询出版社联系方式信息。图书管理系统提供对书籍进行的预先预订的功能，提供旧书销毁功能，对于淘汰、损坏、丢失的书目，可及时对数据库进行修改。图书管理系统能够对使用该管理系统的用户进行管理，按照不同的工作职能提供不同的功能授权。总之，图书管理系统主要包含下列功能。

(1)读者管理：读者信息的制定、输入、修改、查询，包括种类、性别、借书数量、借书期限、备注等。

(2)书籍管理：书籍基本信息制定、输入、修改、查询，包括书籍编号、类别、关键词、备注。

(3)借阅管理：包括借书、还书、预订书籍、续借、查询书籍，过期处理和书籍丢失后的处理。

(4)系统管理：包括用户权限管理，数据管理和自动借还书机的管理。

2. 确定参与者

本系统的参与者包含两个：

(1)读者；

(2)管理员。

3. 确定用例

管理员所包含的用例如下。

(1)登录系统：管理员可以通过登录该系统进行各项功能的操作。

(2)书籍管理：包括对书籍的增删改等。

(3)书籍借阅管理：包括借书、还书、预订、书籍逾期处理和书籍丢失处理等。

(4)读者管理：包含对读者的增删改等操作。

(5)自动借书机的管理。

读者所包含的用例如下。

(1)登录系统。

(2)借书：进行借书业务。

(3)还书：读者具有的还书业务。

(4)查询：包含对个人信息和书籍信息的查询业务。

(5)预订：读者对书籍的预订业务。

(6)过期处理：就是书籍过期后的缴纳罚金等。

(7)书籍丢失处理：对书籍丢失后的不同措施进行处理。

(8)自动借书机的使用等。

4．构建用例模型

基于前面所确定的参与者和用例，不难画出系统的用例图，如图4-16所示。

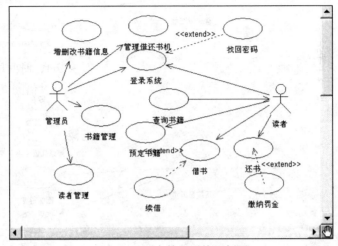

图 4-16　图书管理系统用例图

4.5　总　　结

本章详细介绍了用例图。首先介绍了用例图的基本概念，接着介绍了用例图的组成要素和如何使用 Rational Rose 建模工具创建用例图，最后通过一个案例介绍如何创建用例图。希望通过这一章的学习，读者能够根据需求分析描绘出一个简单的用例图。

习　　题

1. 填空题

(1)用例图是由＿＿＿＿＿＿、＿＿＿＿＿＿和＿＿＿＿＿＿等构成的。

(2)用例图中的关系有＿＿＿＿＿＿、＿＿＿＿＿、＿＿＿＿＿＿和＿＿＿＿＿。

2. 选择题

(1)对于 ATM 系统，（　　）是合适的用例。

A.取钱　　　　　　　　B.存钱　　　　　C.查询余额　　　　　　　　D.管理用户

(2)对于电子商务网站，（　　）不是合适的用例。

A.登录系统　　　　　　B.查询商品信息　　C.预定商品　　　　　　　D.邮寄商品

3. 简答题

(1)用例图中，如何识别参与者和用例？

(2)用例描述包含哪些主要内容？

(3)寻呼台系统：用户如果预定了天气预报，系统每天定时给他发天气消息；如果当天气温高于35度，还要提醒用户注意防暑；在这个叙述里，谁是寻呼台系统的参与者？

(4)图 4-17 中泛化关系使用是否正确？为什么？

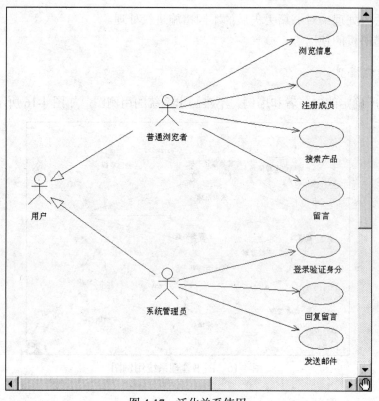

图 4-17　泛化关系使用

(5)图 4-18 中扩展关系使用是否正确？为什么？

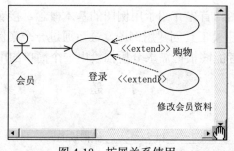

图 4-18　扩展关系使用

4. 练习题

　　在每个新学年开始的时候都会有新生入学。这时系统的管理人员可以通过系统将这些新生的学籍、年龄、家庭住址、性别、学生证号、身份证号等基本信息存入数据库。在日常的管理中，系统管理员还可以对所有学生的基本信息进行查询、修改、删除等操作。校领导可以查询、修改全校学生的基本信息，教师可以在日常工作中查询、修改自己班里学生的基本信息。学校的领导可以通过本系统了解每个班的任课教师、辅导员、学生、专业等班级基本信息。系统管理员可以进行查询班级基本信息、添加新班级、修改班级信息、删除班级等操作。考试结束后，教师可以录入学生成绩，还可以对成绩进行修改和查询。学生可以查询成绩。学生可以网上选课，可以通过系统看到课程的信息。每个学生每个学期的选课不得大于 6 门，如果已经选了 6 门课则不能选择新的课程。只有将已选的课程删除后才能再选。系统管理员负责修改、增加、删除选修课程。每个用户登录系统，都需要一个账号，这就需要系统管理员对用户账户进行管理。

　　根据上述需求信息，使用 Rational Rose 建模 "学生信息管理系统" 用例图。

第5章 类图与对象图

系统的静态模型描述的是系统所操纵的数据块之间持有的结构上的关系。它们描述数据如何分配到对象之中，这些对象如何分类，以及它们之间可以具有什么关系。静态模型并不描述系统的行为，也不描述系统中的数据如何随着时间而演进，这些方面由各种动态模型描述。

类图和对象图是两种最重要的静态模型。UML 中的类图和对象图显示了系统的静态结构，其中的类、对象和关联是图形元素的基础。由于类图表达的是系统的静态结构，所以在系统的整个生命周期中，这种描述都是有效的。对象图提供了系统的一个"快照"，显示在给定时间实际存在的对象以及它们之间的链接。可以为一个系统绘制多个不同的对象图，每个都代表系统在一个给定时刻的状态。对象图展示系统在给定时间持有的数据，这些数据可以表示为各个对象、在这些对象中存储的属性值或者这些对象之间的链接。

5.1 类 图

5.1.1 类图概述

类图(Class diagram)是用类和它们之间的关系描述系统的一种图形，是从静态角度表示系统的。因此，类图属于一种静态模型。类图，就是用于对系统中的各种概念进行建模，并描绘出它们之间关系的图。类图显示了系统的静态结构，而系统的静态结构构成了系统的概念基础。类图的目的在于描述系统的构成方式，而不是系统是如何协作运行的。

类图中的关键元素是类元及它们之间的关系。类元是描述事物的建模元素，类和接口都是类元。类之间的关系包括依赖(Dependency)关系、泛化(Generalization)关系、关联(Association)关系以及实现(Realization)关系等。和其他 UML 中的图形类似，类图中也可以创建约束、注释和包等，一般的类图如图 5-1 所示。

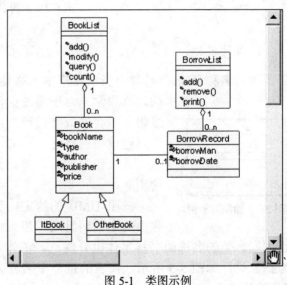

图 5-1 类图示例

5.1.2 类及类的表示

类表示被建模的应用领域中的离散概念，这些概念包括了现实世界中的物理实体、商业事务、逻辑事物、应用事物和行为事物等，例如：物理实体(如飞机)、商业事物(如一份订单)、逻辑事物(如广播计划)、应用事物(如取消键)、计算机领域的事物(如哈希表)或行为事物(如一项任务)。甚至还包括纯粹的概念性事物。根据系统抽象程度的不同，可以在模型中创建不同的类。

类是面向对象系统组织结构的核心。类是对一组具有相同属性、操作、关系和语义的事物的抽象。在 UML 中，类被表述成为具有相同结构、行为和关系的一组对象的描述符号。所用的属性与操作都被附在类中。类定义了一组具有状态和行为的对象。其中，属性和关联用来描述状态。属性通常使用没有身份的数据值来表示，如数字和字符串。关联则使用有身份的对象之间的关系表示。行为由操作来描述，方法是操作的具体实现。对象的生命周期则由附加给类的状态机来描述。

在 UML 的图形表示中，类的表示法是一个矩形，这个矩形由三个部分构成，分别是类的名称(Name)、类的属性(Attribute)和类的操作(Operation)。类的名称位于矩形的顶端，类的属性位于矩形的中间部位，而矩形的底部显示类的操作。中间部位不仅显示类的属性，还可以显示属性的类型以及属性的初始化值等。矩形的底部也可以显示操作的参数表和返回类型等，如图 5-2 所示。

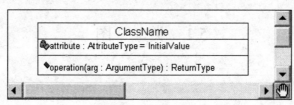

图 5-2　类的表示方法

1. 类的名称

类的名称(Name)是每个类的图形中所必须拥有的元素，用于同其他类进行区分。类的名称通常来自于系统的问题域，并且尽可能地明确表达要描述的事物，不会造成类的语义冲突。给类命名时最好能够反映类所代表的问题域中的概念，比如，表示交通工具类产品，可以直接用"交通工具"作为类的名字。另外，类的名字含义要清楚准确，不能含糊不清。

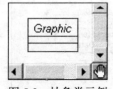

图 5-3　抽象类示例

按照 UML 的约定，类的名称的首字母应当大写，如果类的名称由两个单词组成，那么将这两个单词合并，第二个单词的首字母也大写。类的名称的书写字体也有规范，正体字说明类是可被实例化的，斜体字说明类为抽象类。如图 5-3 所示，代表的是一个名称为"Graphic"(图形)的抽象类。

类的名称分为简单名称和路径名称。用类所在的包的名称作为前缀的类名叫做路径名(Path Name)，如图 5-4 所示，不包含前缀字符串的类名叫做简单名(Simple Name)。

图 5-4　路径名称

2. 类的属性

类的属性（Attribute）是类的一个特性，也是类的一个组成部分，描述了在软件系统中所代表对象具备的静态部分的公共特征抽象，这些特性是这些对象所共有的。当然，有时候，也可以利用属性值的变化来描述对象的状态。一个类可以具有零个或多个属性。

图 5-5　类的属性

类的属性放在类名字的下方，如图 5-5 所示，"教师"是类的名字，"name"（姓名）和"age"（年龄）是"教师"类的属性。

在 UML 中，描述属性的语法格式为（[ ]内的内容是可选的）：

[可见性] 属性名称 [: 属性类型] [=初始值] [{属性字符串}]

其中，属性名称是必须有的，其他部分可以根据需要可有可无。

1）可见性

属性有不同的可见性（visibility）。属性的可见性描述了该属性是否对于其他类能够可见，从而是否可以被其他类引用。利用可见性可以控制外部事物对类中属性的操作方式，属性的可见性通常分为三种：公有的（public）、私有的（private）和受保护的（protected）。公有属性能够被系统中其他任何操作查看和使用，当然也可以被修改；私有属性仅在类内部可见，只有类内部的操作才能存取该属性，并且该属性也不能被其子类使用；保护属性经常和继承关系一起使用，允许子类访问父类中受保护类型的属性。一般情况下，有继承关系的父类和子类之间，如果希望父类的所有信息对子类都是公开的，也就是子类可以任意使用父类中的属性和操作，而与其没有继承关系的类不能使用父类中的属性和操作，那么为了达到此目的则必须将父类中的属性和操作定义为保护的；如果并不希望其他类（包括子类）能够存取该类的属性，则应将该类的属性定为私有的；如果对其他类（包括子类）没有任何约束，则可以使用公有的属性。

在类图中，公有类型表示为"+"，私有类型表示为"−"，受保护类型表示为"#"，它们标识在属性名称的左侧。使用 Rational Rose 软件建模类图时，属性的三种可见性用不同的图标表示。类的属性可见性的表示方法如表 5-1 所示。

表 5-1　属性的可见性

可见性	Rose 图注	UML 图注
Public	◆	+
Protected	▯◆	#
Private	▣◆	−

2）属性的名称

属性是类的一部分，每个属性都必须有一个名字以区别于类的其他属性。通常情况下，属性名由描述所属类的特性的名词或名词短语构成。按照 UML 的约定，属性名称的第一个字母小写，如果属性名称包含了多个单词，则这些单词要合并，并且除了第一个英文单词外其余单词的首字母要大写。

3）属性类型

属性也具有类型，用来指出该属性的数据类型。典型的属性类型包括 Boolean、Integer、Byte、Date、String 和 Long 等，这些被称为简单类型。这些简单类型在不同的编程语言中会有所不同，但基本上都是支持的。在 UML 中，类的属性可以是任意的类型，包括系统中定义的其他类，都可以被使用。当一个类的属性被完整定义后，它的任何一个对象的状态都由这些属性的特定值决定。

4）初始值

在程序语言设计中，设定初始值通常有如下两个用处：用来保护系统的完整性。在编程过程中，为了防止漏掉对类中某个属性的取值，或者类的属性在自动取值的时候破坏系统的完整性，可以通过赋初始值的方法保护系统的完整性；为用户提供易用性。设定一些初始值能够有效地帮助用户输入，从而为用户提供很好的易用性。

5）属性字符串

属性字符串是用来指定关于属性的一些附加信息，任何希望添加在属性定义字符串中但又没有合适地方可以加入的规则，都可以放在属性字符串中。例如，如果想说明系统中"汽车类"的"颜色"属性只有三种状态"红、黄、蓝"，就可以在属性字符串中进行说明。

3. 类的操作

属性仅仅表示了需要处理的数据，对数据的具体处理方法的描述则放在操作部分。存取

图 5-6 类的操作

或改变属性值或执行某个动作都是操作，操作说明了该类能做些什么工作。操作通常又称为函数或者方法，它是类的一个组成部分，只能作用于该类的对象上。从这一点也可以看出，类将数据和对数据进行处理的函数封装起来，形成一个完整的整体，这种机制非常符合问题本身的特性。

类的操作（Operation）也是类的一个重要组成部分，描述了在软件系统中所代表的对象具备的动态部分的公共特征抽象。一个类可以有零个或多个操作，并且每个操作只能应用于该类的对象。在类的图形表示中，操作位于类的底部，如图 5-6 所示，"教师"类具有操作"上传课件"和"修改成绩"。

类的操作往往由返回类型、名称以及参数表来描述。类似于类的属性，在 UML 中，类操作的语法表示为（[ ]内的内容是可选的）：

[可见性] 操作名称 [（参数表）] [：返回类型] [{属性字符串}]

其中，操作名称是必不可少的其他内容是可选的。

1）可见性

操作的可见性也分为三种，分别是公有类型（public）、受保护类型（protected）和私有类型（private），其含义等同与属性的可见性。类的操作在 UML 中的表示方法及其 Rational Rose 图标如表 5-2 所示。

表 5-2　操作的可见性

可见性	Rose 图注	UML 图注
Public	◆	+
Protected	⚷◆	#
Private	🔒◆	–

2）操作的名称

操作作为类的一部分，每个操作都必须有一个名称以区别于类中的其他操作。通常情况下，操作名由描述所属类的行为的动词或动词短语构成。和属性的命名一样，操作名称的第一个字母小写，如果操作的名称包含了多个单词，则这些单词需要合并，并且除了第一个英文单词外其余单词的首字母要大写。

3）参数表

参数表就是由类型、标识符对组成的序列，实际上是操作或方法被调用时接收传递过来的参数值的变量。参数采用"名称：类型"的定义方式，如果存在多个参数，则将各个参数用逗号隔开。如果方法没有参数，则参数表就是空的。参数可以具有默认值，也就是说，如果操作的调用者没有提供某个具有默认值的参数的值，那么该参数将使用指定的默认值。

4）返回类型

返回类型指定了由操作返回的数据类型。它可以是任意有效的数据类型，包括我们所创建的类的类型。绝大部分编程语言只支持一个返回值，即返回类型至多一个。如果操作没有返回值，在具体的编程语言中一般要加一个关键字 void 来表示，也就是其返回类型必须是 void。

5）属性字符串

属性字符串是用来附加一些关于操作的除了预定义元素之外的信息，方便对操作的一些内容进行说明。类似于属性，任何希望添加在操作定义中但又没有合适地方可以加入的规则，都可以放在属性字符串中。

5.1.3 接口

有一定编程经验的人或者熟悉计算机工作原理的人都知道，通过操作系统的接口可以实现人机交互和信息交流。UML 中的包、组件和类也可以定义接口，利用接口说明包、组件和类能够支持的行为。在建模时，接口起到非常重要的作用，因为模型元素之间的相互协作都是通过接口进行的。一个结构良好的系统，其接口必然也定义得非常规范。

接口通常被描述为抽象操作，也就是只用标识(返回值、操作名称、参数表)说明它的行为，而真正实现部分放在使用该接口的元素中。这样，应用该接口的不同元素就可以对接口采用不同的实现方法。在执行过程中，调用该接口的对象看到的仅仅是接口，而不管其他事情。如，该接口是由哪个类实现的，怎样实现的，都有哪些类实现了该接口等。

通俗地讲，接口(Interface)是在没有给出对象的实现和状态的情况下对对象行为的描述。通常，在接口中包含一系列操作但是不包含属性，并且它没有外界可见的关联。我们可以通过一个或多个类或构件来实现一个接口，并且在每个类中都可以实现接口中的操作。

接口是一种特殊的类，所有接口都是有构造型<interface>的类。一个类可以通过实现接口来支持接口所指定的行为。在程序运行的时候，其他对象可以只依赖于此接口，而不需要知道该类关于接口实现的其他任何信息。一个拥有良好接口的类具有清晰的边界，并成为系统中职责均衡分布的一部分。

在 UML 中，接口使用一个带有名称的小圆圈来表示，如图 5-7 所示。接口与应用它的模型元素之间用一条直线相连(模型元素中包含了接口的具体实现方法)它们之间是一对一的关联关系。调用该接口的类与接口之间用带箭头的虚线连接，它们之间是依赖关系。

为了具体标识接口中的操作，接口也可以带构造型<<interface>>的类表示。

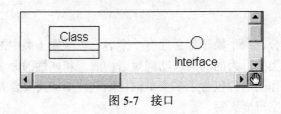

图 5-7 接口

5.1.4 类之间的关系

前文已述，类图由类和它们之间的关系组成。类与类之间的关系最常用的通常有四种，它们分别是关联关系（Association）、泛化关系（Generalization）、依赖关系（Dependency）和实现关系（Realization）。四种关系的表示方法及含义如表 5-3 所示，关于四种关系的深层次内容将在后文中进行详细介绍。

表 5-3　类之间的关系

关系	表示方法	含义
关联	———————	事物对象之间的连接
泛化	—————▷	类的一般和具体之间的关系
依赖	- - - - -▷	在模型中需要另一个元素的存在
实现	- - - - -▷	将说明和实现联系起来

5.2 关联关系

关联关系是一种结构关系，指出了一个事物的对象与另一个事物的对象之间在语义上的连接。例如，一个学生选修一门特定的课程。对于构建复杂系统的模型来说，能够从需求分析中抽象出类和类与类之间的关联关系是很重要的。

5.2.1 二元关联

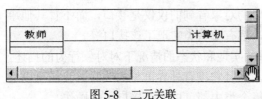

图 5-8　二元关联

二元关联是最常见的一种关联，只要类与类之间存在连接关系就可以用二元关联表示。比如，张三使用计算机，计算机会将处理结果等信息返回给张三，那么，在其各自所对应的类之间就存在二元关联关系。二元关联用一条连接两个类的实线表示，如图 5-8 所示。

一般的 UML 表示法允许一个关联连接任意多个类，然而，实际上使用的关联大多数是二元的，只连接两个类。原则上，任何情况都可以只用二元关联建模，并且与涉及大量类的关联相比，二元关联更容易理解和用常规编程语言实现。

5.2.2 导航性

关联关系一般都是双向的，即关联的对象双方彼此都能与对方通信。换句话说，通常情况下，类之间的关联关系在两个方向都可以导航的。但是有的情况下，关联关系可能要定义为只在一个方向可导航。例如，雇员对象不需要保存相关公司对象的引用，不能从雇员向公司发送消息。虽然系统仍然将雇员对象和他们工作的公司联系在一起，这并没有改变关联的含意，但是雇员和公司之间的关系为单向关联关系。

如果类与类之间的关联是单向的，则称为导航关联。导航关联采用实线箭头连接两个类。箭头所指的方向上表示导航性，如图5-9 所示。图中只表示某人可以使用汽车，人对象可以向汽车对象发送消息，但汽车对象不能向人发送消息。实际上，双向的普通关

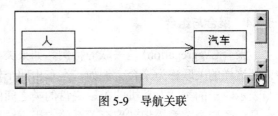

图 5-9　导航关联

联可以看作导航关联的特例，只不过省略了表示两个关联方向的箭头罢了(类似于图的有向边和无向边)。

5.2.3　标注关联

通常，可以对关联关系添加一些描述信息，如名称、角色名以及多重性等，用来说明关联关系的特性。

1. 名称

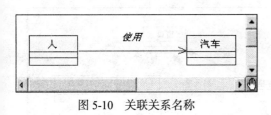

图 5-10　关联关系名称

对于类之间的关联关系，可以使用一个动词或动词短语来给其命名，清晰而简洁地说明关联关系的具体含义。关联关系的名称显示在关联关系中间。例如，人使用汽车，则可以在图 5-9 所示例子中，对人和汽车之间的关联关系进行命名，如图 5-10 所示。

2. 角色名

关联关系中一个类对另一个类所表现出来的职责，可以使用角色名进行描述。角色的名称应该是名词或名词短语，以解释对象是如何参与关系的。例如，在公司工作的人会很自然地将公司描述为自己的"雇主"，那么这就是关联的"Company"端的一个合适的角色名。同样的，另一端可以标注角色名"雇员"，如图 5-11 所示。

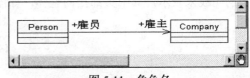

图 5-11　角色名

3. 多重性

关联的两端都可以指定一个重数，该重数表示该端点可以有多少个对象与另一个端点的

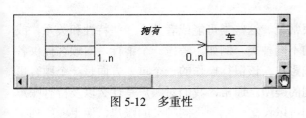

图 5-12　多重性

一个对象关联。关联关系端点的重数可以描述为取值范围、特定值、无限定的范围或一组离散值。例如，"0..1"表示"零到1 个对象"，" 5..17"表示"5 到 17 个对象"，"2"表示"2 个对象"。图 5-12 所示例子中，多重性的含义是：人可以拥

有零辆或者多辆汽车，汽车可以被 1 至多人拥有。

如果图中没有明确标识关联的重数，那就意味着重数是"1"。类图中重数标识在表示关联关系的某一方向上直线的末端。

5.2.4 聚合与组合

聚合（Aggregation）是关联的特例。如果类与类之间的关系具有"整体与部分"的特点，则把这样的关联称为聚合。例如，汽车由四个轮子、发动机、底盘等构成，则表示汽车的类与表示轮子的类、发动机的类、底盘的类之间的关系就具有"整体与部分"的特点，因此，这是一个聚合关系。识别聚合关系的常用方法是寻找"由……构成"、"包含"、"是……的一部分"等字句,这些字句很好地反映了相关类之间的"整体—部分"关系。

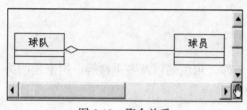

图 5-13　聚合关系

在 UML 中,聚合关系用端点带有空菱形的线段来表示，空菱形与聚合类相连接，其中头部指向整体。如图 5-13 所示，球队（整体方）由多个球员（部分方）组成。

如果构成整体类的部分类完全隶属于整体类，则这样的聚合称为组合（Composition）。换句话说，如果没有整体类则部分类也没有存在的价值，部分类的存在是因为有整体类的存在。比如，窗口由文本框、列表框、按钮和菜单组合而成。

组合是更强形式的关联，有时也被称为强聚合关系。在组合中，成员对象的生命周期取决于聚合的生命周期，聚合不仅控制着成员对象的行为，而且控制着成员对象的创建和结束。在 UML 中，组合关系使用带实心菱形头的实线来表示，其中头部指向整体，如图 5-14 所示。

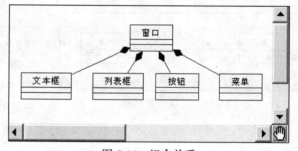

图 5-14　组合关系

5.3　泛　化　关　系

一个类（通用元素）的所有信息（属性或操作）能被另一个类（具体元素）继承，继承某个类的类中不仅可以有属于自己的信息，而且还拥有了被继承类中的信息，这种机制就是泛化（Generalization）。

5.3.1　泛化及其表示方法

应用程序包含许多密切相关的类，这很常见。这些类可能或者共享一些特性和关系，或者可以自然地把它们看做是代表相同事物的不同种类。例如，考虑一个银行，向顾客提供各种账户，包括活期账户、存款账户以及在线账户。该银行操作的一个重要方面是一个顾客事实上可以拥有多个账户，这些账户属于不同的类型。通常，我们对账户是什么以及持有账户涉及什么，要有一般概念。除此之外，我们可以设想一系列不同种类的账户，像上面所列举的那些一样，尽管它们有差异，却仍共享大量的功能。我们可以将这些直觉形式化，定义一个一般的"Acount"类，对各种账户共有的东西建模，然后将代表特定种类账户的类表示为这个一般类的特化。

因此，泛化是一种类之间的关系，在这种关系中，一个类被看做是一般类(父类)，而其他一些类被看做是它的特例(子类)。在 UML 中，泛化关系是使用从子类指向父类的一个带有实线的箭头来表示的，指向父类的箭头是一个空三角形，如图 5-15 所示。

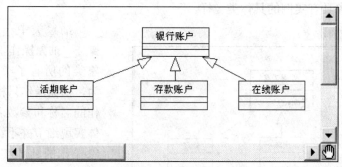

图 5-15　泛化关系

泛化关系描述的是"is a kind of"(是……的一种)的关系，它使父类能够与更加具体的子类连接在一起，有利于对类的简化描述，可以不用添加多余的属性和操作信息，通过相关继承的机制方便地从其父类继承相关的属性和操作。继承机制利用泛化关系的附加描述构造了完整的类描述。泛化和继承允许不同的类分享属性、操作和它们共有的关系，而不用重复说明。

泛化关系的第一个用途是定义可替代性原则，即当一个变量(如参数或过程变量)被声明承载某个给定类的值时，可使用类(或其他元素)的实例作为值，这被称作可替代性原则(由 Barbara Liskov 提出)。该原则表明无论何时祖先被声明，后代的一个实例都可以被使用。例如，如果交通工具这个类被声明，那么地铁和巴士的对象就是一个合法的值了。

泛化的另一个用途是在共享祖先所定义的成分的前提下允许它自身定义其他的成分，这被称作继承。继承是一种机制，通过该机制可以将对类的对象的描述从类及其祖先的声明部分聚集起来。继承允许描述的共享部分只被声明一次但可以被许多类共享，而不是在每个类中重复声明并使用它，这种共享机制减小了模型的规模。更重要的是，它减少了为了模型的更新而必须做的改变和意外的前后定义不一致。对于其他成分，如状态、信号和用例，继承通过相似的方法起作用。

泛化使得多态操作成为可能，即操作的实现是由它们所使用的对象的类，而不是由调用者确定的。这是因为一个父类可以有许多子类，每个子类都可实现定义在类整体集中的同一操作的不同变体。

5.3.2　抽象类与多态

在模型中引入父类通常是为了定义一些相关类的共享特征。父类的作用是，通过使用可替换性原则而不是定义一个全新的概念，对模型进行总体简化。可是结果发现，不需要创建层次中的根类的实例并不是不常见，因为所有需要的对象可以更准确地描述为其中一个子类的实例。

账户层次为此提供了一个例子。在一个银行系统中，可能每个账户必须是活期账户，或者存款账户，或其他特定类型的账户。这意味着不存在作为根类的账户类的实例，或更准确地说，在系统运行时，不存在应该要创建的"Account"类的实例。

如同"Account"这样的类，没有自己的实例，称为抽象类。不应该因为抽象类没有实例，就认为它们是多余的就可以从类图中除去。抽象类，或层次中的根类的作用，一般是定义所有其子孙类的公共特征。这对于产生清晰和结构良好的类图效果显著。根类还为层次中的所有类定义了一个公共接口，使用这个公共接口可以大大简化客户模块的编程。抽象类能够提供这些好处，正像具有实例的具体类一样。

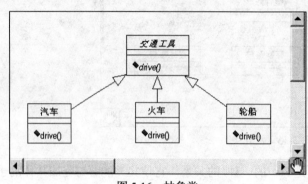

图 5-16　抽象类

抽象类中一般都带有抽象的操作。抽象操作仅仅用来描述该抽象类的所有子类应有什么样的行为，抽象操作只标记出返回值、操作的名称和参数表，关于操作的具体实现细节并不详细书写出来，抽象操作的具体实现细节由继承抽象类的子类实现。换句话说，抽象类的子类一定要实现抽象类中的抽象操作，为抽象操作提供方法（算法实现），否则该子类仍然还是抽象类。抽象操作的图示方法与抽象类相似，可以用斜体字表示，如图 5-16 所示。

与抽象类恰好相反的类称为具体类。具体类有自己的对象，并且该类中的操作都有具体实现的方法。比如，图 5-16 中的汽车、火车和轮船三个类就是具体类。比较一下抽象类与具体类，不难发现，子类继承了父类的操作，但是子类中对操作的实现方法却可以不一样，这种机制带来的好处是子类可以重新定义父类的操作。重新定义的操作的标记（返回值、名称和参数表）应和父类一样，同时该操作既可以是抽象操作，也可以是具体操作。当然，子类中还可以添加其他的属性、关联关系和操作。

如果图 5-16 中添加人驾驶交通工具这个关联关系，则如图 5-17 所示。当人执行（调用）drive 操作时，如果当时可用的对象是汽车，那么汽车轮子将被转动；如果当时可用的对象是船，那么螺旋桨将会动起来。这种在运行时可能执行的多种功能，称为多态。多态技术利用抽象类定义操作，而用子类定义处理该操作的方

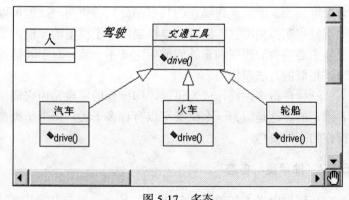

图 5-17　多态

法，达到单一接口，多种功能的目的。在 C++语言中多态利用虚拟函数实现。

5.4 依赖关系与实现关系

依赖(Dependency)表示的是两个或多个模型元素之间语义上的连接关系。它只将模型元素本身连接起来而不需要用一组实例来表达它的意思。它表示了这样一种情形，提供者的某些变化会要求或指示依赖关系中客户的变化。也就是说依赖关系将行为和实现与影响其他类的类联系起来。

根据这个定义，依赖关系包括有很多种，除了实现关系以外，还可以包含其他几种依赖关系，包括跟踪关系(不同模型中元素之间的一种松散连接)、精化关系(两个不同层次意义之间的一种映射)、使用关系(在模型中需要另一个元素的存在)、绑定关系(为模板参数指定值)。

关联和泛化也同样都是依赖关系，但是它们有更特别的语义，故它们有自己的名字和详细的语义。我们通常用依赖这个词来指其他的关系。

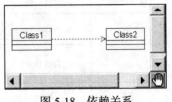

图 5-18　依赖关系

依赖关系还经常被用来表示具体实现间的关系，如代码层的实现关系。在概括模型的组织单元，例如包时，依赖关系是很有用的，它在其上显示了系统的构架。例如，编译方面的约束也可通过依赖关系来表示。

依赖关系使用一个从客户指向提供者的虚箭头来表示，并且使用一个构造型的关键字位于虚箭头之上来区分依赖关系的种类，如图 5-18 所示。

实现(Realization)关系将一种模型元素(如类)与另一种模型元素(如接口)连接起来，说明和其实现之间的关系。在实现关系中，接口只是行为的说明而不是结构或者实现，而类中则要包含其具体的实现内容，可以通过一个或多个类实现一个接口，但是每个类必须分别实现接口中的操作。虽然实现关系意味着要有像接口这样的说明元素，但它也可以用一个具体的实现元素来暗示它的说明(而不是它的实现)必须被支持。例如，这可以用来表示类的一个优化形式和一个简单形式之间的关系。

泛化和实现关系都可以将一般描述与具体描述联系起来。泛化将在同一语义层上的元素连接起来(如在同一抽象层)，并且通常在同一模型内。实现关系将在不同语义层内的元素连接起来(如一个分析类和一个设计类，一个接口与一个类)，并且通常建立在不同的模型内。在不同发展阶段可能有两个或更多的类等级，这些类等级的元素通过实现关

图 5-19　实现关系示例 1

系联系起来。两个等级无需具有相同的形式，因为实现的类可能具有实现依赖关系，而这种依赖关系与具体类是不相关的。

在 UML 中，实现关系的表示形式和泛化关系的表示符号很相似，使用一条带封闭空箭头的虚线来表示，如图 5-19 所示。

在 UML 中，接口是通常使用一个圆圈来进行表示的，并通过一条实线附在表示类的矩形上来表示实现关系，如图 5-20 所示。

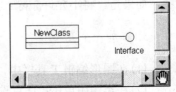

图 5-20　实现关系示例 2

5.5 类图建模及案例分析

通过上面内容的介绍，我们学习了类图及类图中相关元素的基本概念。接下来，我们学习如何使用 Rational Rose 创建类图以及类图中的各种模型元素。

5.5.1 创建类

在类图的工具栏中，可以使用的工具按钮如表 5-4 所示，该表中包含了所有 Rational Rose 默认显示的 UML 模型元素。我们可以根据这些默认显示的按钮创建相关的模型。

表 5-4 类图的图形编辑工具栏按钮

按钮图标	按钮名称	用途	按钮图标	按钮名称	用途
⌖	Selection Tool	选择工具	⌐	Undirectional Association	单向关联关系
ABC	Text Box	创建文本框	↗	Association Class	关联类并与关联类连接
⊟	Note	创建注释	⊟	Package	包
∕	Anchor Note to Item	将注释连接到序列图中的相关模型元素	↗	Dependency or Instantiates	依赖或示例关系
▤	Class	创建类	↰	Generalization	泛化关系
⊸	Interfac	创建接口	↰	Realize	实现关系

1. 创建类图

(1)右键单击浏览器中的 Use Case View（用例视图）、Logical View（逻辑视图）或者位于这两种视图下的包。

(2)在弹出的快捷菜单中，选中 New（新建）下的 Class Diagram（类图）选项。

(3)输入新的类图名称。

(4)双击打开浏览器中的类图。

2. 删除类图

(1)选中需要删除的类图，右击。

(2)在弹出快捷菜单栏中选择 Delete 选项即可删除。

要删除一个类图的时候，通常需要确认一下是否是 Logical View（逻辑视图）下的默认视图，如果是，将不允许删除。

3. 添加一个类

(1)在图形编辑工具栏中，选择 ▤ 图标，此时光标变为"＋"号。

(2)在类图中单击，任意选择一个位置，系统在该位置创建一个新类。系统产生的默认名称为"NewClass"。

(3)在类的名称栏中，显示了当前所有的类的名称，我们可以选择清单中的现有类，这样便把在模型中存在的该类添加到类图中了。如果创建新类，将"NewClass"重新命名成新的名称即可。创建的新类会自动添加到浏览器的视图中。

4. 删除一个类

第一种方式是将类从类图中移除，另外一种是将类永久地从模型中移除。第一种方式，该类还存在模型中，如果再用，只需要将该类拖动到类图中即可。删除的方式只需要选中该类的同时按住 Delete 键。第二种方式，将类永久地从模型中移除了，其他类图中存在的该类也会一起被删除。可以通过以下方式进行删除操作。

(1)选中需要删除的类，单击右键。

(2)在弹出的快捷菜单中选择 Delete 选项。

5.5.2　创建类与类之间的关系

我们在概念中已经介绍过，类与类之间的关系最常用的通常有四种，它们分别是依赖关系(Dependency)、泛化关系(Generalization)、关联关系(Association)和实现关系(Realization)，接下来介绍如何创建这些关系。

1. 创建依赖关系

(1)选择类图工具栏中的 图标，或者选择菜单栏 Tools(工具)中 Create(新建)下的 Dependency or Instantiates 选项，此时的光标变为"↑"符号。

(2)单击依赖者的类。

(3)将依赖关系线拖动到另一个类中。

(4)双击依赖关系线，弹出设置依赖关系规范的对话框。

(5) 在弹出的对话框中，可以设置依赖关系的名称、构造型、可访问性、多重性以及文档等。

2. 删除依赖关系

(1)选中需要删除的依赖关系。

(2)按 Delete 键或者右击并选择快捷菜单中 Edit (编辑)下的 Delete 选项。

从类图中删除依赖关系并不代表从模型中删除该关系，依赖关系在依赖关系连接的类之间仍然存在。如果需要从模型中删除依赖关系，可以通过以下步骤进行。

(1)选中需要删除的依赖关系。

(2)同时按 Ctrl 和 Delete 键，或者右击并选择快捷菜单中 Edit (编辑)下的 Delete from Model 选项。

3. 创建泛化关系

(1)选择类图工具栏中的图标，或者选择菜单栏 Tools(工具)中 Create(新建)下的 Generalization 选项，此时的光标变为"↑"符号。

(2)单击子类。

(3)将泛化关系线拖动到父类中。

(4)双击泛化关系线，弹出设置泛化关系规范的对话框。

（5）在弹出的对话框中，可以设置泛化关系的名称、构造型、可访问性、文档等。

4. 删除泛化关系

具体步骤请参照删除依赖关系的方法。

5. 创建关联关系

（1）选择类图工具栏中的图标，或者选择菜单栏 Tools（工具）中 Create（新建）下的 Unidirectional Association 选项，此时的光标变为"↑"符号。

（2）单击要关联的类。

（3）将关联关系线拖动到要与之关联的类中。

（4）双击关联关系线，弹出设置关联关系规范的对话框。

（5）在弹出的对话框中，可以设置关联关系的名称、构造型、角色、可访问性、多重性、导航性和文档等。

聚集（Aggregation）关系和组成（Composition）关系也是关联关系的一种，我们可以通过扩展类图的图形编辑工具栏，并使用聚集关系图标来创建聚集关系，也可以根据普通类的规范窗口将其设置成聚集关系和组成关系。具体的步骤如下。

（1）在关联关系的规范对话框中，选择 Role A Detail 或 Role B Detail 选项卡。

（2）选中 Aggregate 选项，如果设置组成（Composition）关系，则需要选中 By Value 选项。

（3）单击 OK 按钮。

6. 删除关联关系

具体步骤请参看删除依赖关系的方法

7. 创建和删除实现关系

创建和删除实现关系与创建和删除依赖关系等很类似，实现关系的图标是 ，使用该图标将实现关系的两端连接起来，双击实现关系的线段设置实现关系的规范，在对话框中，可以设置实现关系的名称、构造型文档等。

5.5.3 案例分析

以下将以"个人图书管理系统"为例，介绍如何创建系统的类图。建立类图的步骤如下：

（1）研究分析问题领域，确定系统需求。

（2）确定类，明确类的含义和职责，确定属性和操作。

（3）确定类之间的关系。

（4）调整和细化类及类之间的关系。

（5）绘制类图并增加相应的说明。

"个人图书管理系统"的需求如下所述：

小王是一个爱书之人，家里各类书籍已过千册，而平时又时常有朋友外借，因此需要一个个人图书管理系统。该系统应该能够将书籍的基本信息按计算机类、非计算机类分别建档，实现按书名、作者、类别、出版社等关键字的组合查询功能。在使用该系统录入新书籍时系统会自动按规则生成书号，可以修改信息，但一经创建就不允许删除。该系统还应该能够对书籍的外借情况进行记录，可对外借情况列表打印。另外，还希望能够对书籍的购买金额、册数按特定时间周期进行统计。

接下来，根据上述系统需求，使用面向对象分析方法，来确定系统中的类。下面列出一些可以帮助建模者定义类的问题：

●有没有一定要存储或分析的信息？如果存在需要存储、分析或处理的信息，那么该信息有可能就是一个类。这里讲的信息可以是概念(该概念总在系统中出现)或事件或事务(它发生在某一时刻)。

●有没有外部系统？如果有，外部系统可以看作类，该类可以是本系统所包含的类，也可以是本系统与之交互的类。

●有没有模版、类库、组件等？如果手头上有这些东西，它们通常应作为类。模版、类库、组件可以来自原来的工程或别人赠送或从厂家购买的。

●系统中有被控制的设备吗？凡是与系统相连的任何设备都要有对应的类。通过这些类控制设备。

●有无需要表示的组织机构？在计算机系统中表示组织机构通常用类，特别是构建商务模型时用得更多。

●系统中有哪些角色？这些角色也可以看成类。比如，用户、系统操作员、客户等。

依照上述几条可以帮助建模者找到需要定义的类。需要说明的是定义类的基础是系统的需求规格说明，通过分析需求说明文档，从中找到需要定义的类。

事实上，由于类一般是名词，所以也可以使用"名词动词法"寻找类。具体来说，首先把系统需求规格说明中的所有名词标注出来，然后在其中进行筛选和调整。以上述"个人图书管理系统"为例，标注了需求描述中的名词以后，可以进行如下筛选调整过程：

●"小王"、"人"、"家里"很明显是系统外的概念，无须对其建模。

●而"个人图书管理系统"、"系统"指的就是将要开发的系统，即系统本身，也无须对其进行建模。

●很明显"书籍"是一个很重要的类，而"书名"、"作者"、"类别"、"出版社"、"书号"则都是用来描述书籍的基本信息的，因此应该作为"书籍"类的属性处理，而"规则"是指书号的生成规则，而书号则是书籍的一个属性，因此"规则"可以作为编写"书籍"类构造函数的指南。

●"基本信息"则是书名、作者、类别等描述书籍的基本信息统称，"关键字"则是代表其中之一，因此无需对其建模。

●"功能"、"新书籍"、"信息"、"记录"都是在描述需求时使用到的一些相关词语，并不是问题域的本质，因此先可以将其淘汰掉。

●"计算机类"、"非计算机类"是该系统中图书的两大分类，因此应该对其建模，并改名为"计算机类书籍"和"非计算机类书籍"，以减少歧义。

●"外借情况"则是用来表示一次借阅行为，应该成为一个候选类，多个外借情况将组成"外借情况列表"，而外借情况中一个很重要的角色是"朋友"—借阅主体。虽然到本系统中并不需要建立"朋友"的资料库，但考虑到可能会需要列出某个朋友的借阅情况，因此还是将其列为候选类。为了能够更好地表述，将"外借情况"改名为"借阅记录"，而将"外借情况列表"改名为"借阅记录列表"。

●"购买金额"、"册数"都是统计的结果，都是一个数字，因此不用将其建模，而"特定时限"则是统计的范围，也无需将其建模；不过从这里的分析中，我们可以发现，在该需求描述中隐藏着一个关键类——书籍列表，也就是执行统计的主体。

最终，确定"个人图书管理系统"的类为："书籍"、"计算机类书籍"、"非计算机类书籍"、"借阅记录"、"借阅记录列表"和"书籍列表"，一共6个类。

接下来，对上述6个类的职责进行分析，确定其属性和操作。

●书籍类：从需求描述中，可找到书名、类别、作者、出版社；同时从统计的需要中，可得知"定价"也是一个关键的成员变量。

●书籍列表类：书籍列表就是全部的藏书列表，其主要的成员方法是新增、修改、查询(按关键字查询)、统计(按特定时限统计册数与金额)。

●借阅记录类：借阅人(朋友)、借阅时间。

●借阅记录列表类：主要职责就是添加记录(借出)、删除记录(归还)以及打印借阅记录。

最后，确定类之间的关系，并绘制"个人图书管理系统"的类图，如图5-21所示。

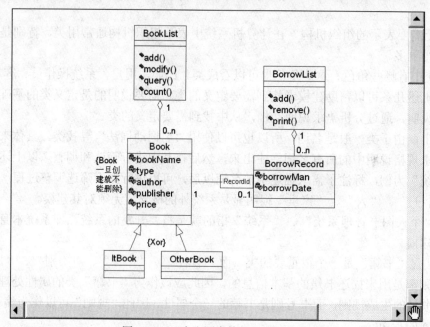

图 5-21   "个人图书管理系统"类图

5.6 对 象 图

虽然一个类图仅仅显示的是系统中的类，但是存在一个变量，确定地显示了各个类对象实例的位置，那就是对象图。对象图描述系统在某一个特定时间点上的静态结构，是类图的实例和快照，即类图中的各个类在某一个时间点上的实例及其关系的静态写照。

对象图中包含对象(Object)和链(Link)。其中对象是类的特定实例，链是类之间关系的实例，表示对象之间的特定关系。对象图所建立的对象模型描述的是某种特定的情况，而类图所建立的模型描述的是通用的情况。

5.6.1 对象图的组成

对象图(Object Diagram)是由对象(Object)和链(Link)组成的。对象图的目的在于描述系统中参与交互的各个对象在某一时刻是如何运行的。

1. 对象(Object)

对象是类的实例，创建一个对象通常可以从两种情况来观察。第一种情况是将对象作为一个实体，它在某个时刻有明确的值；另一种情况是将对象作为一个身份持有者，不同时刻有不同的值。一个对象在系统的某一个时刻应当有其自身的状态，通常这个状态使用属性的赋值或分布式系统中的位置来描述，对象通过链和其他对象相联系。

对象可以通过声明的方式拥有唯一的句柄引用，句柄可标识对象，提供对对象的访问，代表了对象拥有唯一的身份。对象通过唯一的身份与其他对象相联系，彼此交换消息。对象不仅可以是一个类的直接实例，如果执行环境允许多重类元，则可以是多个类的直接实例。对象也拥有直属和继承操作，可以调用对象执行任何直属类的完整描述中的任何操作。对象也可以作为变量和参数的值，变量和参数的类型被声明为与对象相同的类或该对象直属类的一个祖先，它的存在可简化编程语言的完整性。

对象在某一时刻，其属性都是有相关赋值的，在对象的完整描述中，每一个属性都有一个属性槽，即每一个属性在它的直属类和每一个祖先类中都进行了声明。当对象的实例化和初始化完成后，每个槽中都有了一个值，它是所声明的属性类型的一个实例。在系统运行中，槽中的值可以根据对象所需要满足的各种限制进行改变。如果对象是多个类的直接实例，则在对象的直属类中和对象的任何祖先中声明的每一个属性在对象中都有一个属性槽。相同属性不可以多次出现，但如果两个直属类是同一祖先的子孙，则不论通过何种路径到达该属性，该祖先的每个属性只有一个备份被继承。

在一些编程语言中支持动态类元，这时对象就可以在执行期间通过更改直属类操作，指明属性值改变它的直属类，在过程中获得属性。如果编程语言同时允许多类元和动态类元，则在执行过程中可以获得和失去直属类。这种编程语言如 C++ 等。

由于对象是类的实例。对象的表示符号是与类用相同的几何符号作为描述符，但对象使用带有下划线的实例名，将它作为个体区分开来。顶部显示对象名和类名，并以下划线标识，使用语法是"对象名：类名"，底部包含属性名和值

图 5-22　对象表示方法

的列表。在 Rational Rose 中，不显示属性名和值的列表，但可以只显示对象名称，不显示类名，并且对象的符号图形与类图中的符号图形类似，如图 5-22 所示。

图 5-23　多对象

对象也有其他一些特殊的形式，如多对象和主动对象等。多对象表示多个对象的类元角色，如图 5-23 所示。多对象通常位于关联关系的"多"端，表明操作或信号是应用在一个对象集而不是单个对象上的。主动对象是拥有一个进程(或线程)并能启动控制活动的一种对象，它是主动类的实例。

2. 链(Link)

链是两个或多个对象之间的独立连接，它是对象引用元组(有序表)，是关联的实例。对象必须是关联中相应位置处类的直接或间接实例。一个关联不能有来自同一关联的迭代连接，即两个相同的对象引用元组。

链可以用于导航，连接一端的对象可以得到另一端的对象，也就可以发送消息(称通过联系发送消息)。如果连接对目标方向有导航性，那么这一过程就是有效的。如果连接是不可导航的，则访问可能有效或无效，但消息发送通常是无效的，相反方向的导航另外定义。

在 UML 中，链的表示形式为一个或多个相连的线或弧。在自身相关联的类中，链是两端指向同一对象的回路。

5.6.2 类图和对象图的区别

类图与对象图的区别如表 5-5 所示。

表 5-5　类图与对象图的区别

类图	对象图
在类中包含三个部分， 分别是类名、类的属性和类的操作	对象包含两个部分：对象的 名称和对象的属性
类的名称栏只包含类名	对象的名称栏包含"对象名：类名"
类的属性栏定义了所有属性的特征	对象的属性栏定义了属性的当前值
类中列出了操作	对象图中不包含操作内容，因为对属于同一个类的对象，其操作是相同的
类中使用了关联连接，关联中使用名称、角色以及约束等特征定义	对象使用链进行连接，链中包含名称、角色
类是一类对象的抽象，类不存在多重性	对象可以具有多重性

5.6.3 创建对象图

对象图无需提供单独的形式。类图中就包含了对象，所以只有对象而无类的类图就是一个"对象图"。然而，"对象图"在刻画各方面特定使用时非常有用。对象图显示了对象的集合及其联系，代表了系统某时刻的状态。它是带有值的对象，而非描述符，当然，在许多情况下对象可以是原型的。用协作图可显示一个可多次实例化的对象及其联系的总体模型，协作图含对象和链的描述符。如果协作图实例化，则产生了对象图。

在 Rational Rose 中不直接支持对象图的创建，但是可以利用协作图来创建。

1. 在协作图中添加对象

(1)在协作图的图形编辑工具栏中，选择 ▣ 图标，此时光标变为"＋"号。

(2)在类图中单击，任意选择一个位置，系统便在该位置创建一个新的对象。

(3)双击该对象的图标，弹出对象的规范设置对话框。

(4)在对象的规范设置对话框中，可以设置对象的名称、类的名称、持久性和是否多对象等。

(5)单击 OK 按钮。

2. 在协作图中添加对象与对象之间的链

(1)选择协作图的图形编辑工具栏中的 ![图标] 图标,或者选择菜单 Tools (工具)中 Create (新建)下的 Object Link 选项,此时的光标变为"↑"符号。

(2)单击需要链接的对象。

(3)将链的线段拖动到要与之链接的对象中。

(4)双击链的线段,弹出设置链规范的对话框。

(5)在弹出的对话框中,在 General 选项卡中设置链的名称、关联、角色以及可见性等。

(6)如果需要在对象的两端添加消息,可以在 Messages 选项卡中进行设置,如图 5-25 所示。

5.7 总　结

本章详细介绍了类图和对象图的基本概念以及它们的作用。同时还讲解了类图的组成元素和如何创建这些模型元素,包括类、接口以及它们之间的四种关系。在此基础上,使用 Rational Rose 建模工具根据用例图创建完整的类图和对象图。

习　题

1. 填空题

(1)对象图中的_____是类的特定实例,_____是类之间关系的实例,表示对象之间的特定关系。

(2)类之间的关系包括_____关系、_____关系、_____关系和_____关系。

(3)在 UML 的图形表示中,_____的表示法是一个矩形,这个矩形由三个部分构成。

2. 选择题

(1)类图应该画在 Rose 的(　　)视图中。

A. Use Case View　　　　　　　　　B. Logical View

C. Component View　　　　　　　　 D. Deployment View

(2) 对象特性的要素是(　　)。

A. 状态　　　　　　　B. 行为　　　　　　C. 标识　　　　　　D. 属性

(3)下列关于接口的关系说法,不正确的是(　　)。

A. 接口是一种特殊的类

B. 所有接口都是有构造型<<interface>>的类

C. 一个类可以通过实现接口支持接口所指定的行为

D. 在程序运行的时候,其他对象不仅需要依赖于此接口,还需要知道该类关于接口实现的其他信息

(4)下列关于类方法的声明,不正确的是(　　)。

A. 方法定义了类所许可的行动

B. 从一个类创建的所有对象可以使用同一组属性和方法

C. 每个方法应该有一个参数

D. 如果在同一个类中定义了类似的操作,则它们的行为也应该是类似的

3. 简答题

(1)类图的组成元素有哪些?

(2)对象图有哪些组成部分?

(3)为什么要使用类图和对象图？

(4)请简要说明类图和对象图的关系和异同。

4. 练习题

小型超市管理系统的基本功能需求如下：

(1)进货管理：根据进货单进货。

(2)销售管理：每次销售都产生销售数据。

(3)报表管理：报表分进货报表，销售报表等；报表可以有多种格式可供选择；可以把报表输出到文件夹中，可以预览报表，打印报表等。

(4)系统管理：系统管理员使用，包括用户权限管理(增加用户，删除用户，密码修改等)，数据管理(提供数据修改，备份，恢复等多种数据维护工具)，系统运行日志，系统设置等功能。

可选功能为：

(1)商品预定。

(2)退货处理。

(3)各种销售优惠措施，如根据顾客购买的商品数量或时间给予不同的价格。

(4)对描述商品的基本信息可进行动态定制，如系统管理员在必要时可删除商品的"供货商"属性，同时增加"库存数量"属性。对于这种类型的需求变化，整个系统不需要重新实现。

(5)其他自己觉得有必要实现的功能。

根据上述需求描述信息，分析系统中的类并使用 Rational Rose 创建系统的类图。

第 6 章　序　列　图

　　前面通过类图和对象图介绍了系统的静态结构模型，对类和对象进行了概念性的描述，但是对象是如何交互以及这些交互是如何影响对象的状态需用动态模型表示。动态模型用来描述系统的动态行为，分为状态模型和交互模型。在 UML 中，用序列图和协作图为交互模型建模，用状态图和活动图为状态模型建模。交互视图描述了执行系统功能的各个角色之间相互传递消息的顺序关系，本章将要介绍的序列图和第 7 章中的协作图是交互视图的两种形式。

6.1　序列图概述

　　序列图描述了对象之间传递消息的时间顺序，用来表示用例中的行为顺序。序列图的主要用途之一是从一定程度上更加详细地描述用例表达的需求，并将其转化为进一步、更加正式层次的精细表达。用例常常细化为一个或多个序列图。

　　在 UML 的表示中，序列图用一个二维图描述系统中各个对象之间的交互关系。其中，纵向是时间轴，时间沿竖线向下延伸。横向代表了在协作中各独立对象的角色。角色用生命线表示，当对象存在时，生命线用一条虚线表示，此时对象不处于激活状态，当对象的过程处于激活状态时，生命线是一条双道线。序列图中的消息用从一个对象的生命线到另一个对象的生命线的箭头表示。箭头以时间顺序在图中从上到下排列。

　　如图 6-1 所示，显示的是一个系统管理员查询借阅者信息的序列图。序列图中涉及三个对象的交互，分别是系统管理员、查询借阅者界面和借阅者。系统管理员通过查询借阅者界面查询借阅者信息。查询借阅者界面根据借阅者的编号将借阅者类实例化并请求该借阅者信息。借阅者实例化对象根据借阅者的编号加载借阅者信息并提供给查询借阅者界面。查询借阅者界面显示借阅者信息。

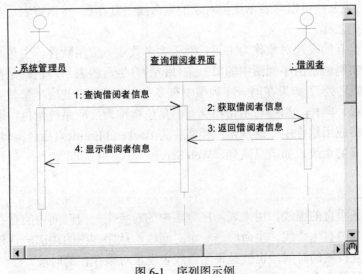

图 6-1　序列图示例

6.2 序列图组成要素及表示方法

序列图(Sequence Diagram)是由对象(Object)、生命线(Lifeline)、激活(Activation)和消息(Messages)等构成的。序列图描述了对象以及对象之间传递的消息,强调对象之间的交互是按照时间的先后顺序发生的,这些特定顺序发生的交互序列从开始到结束需要一定的时间。

6.2.1 对象

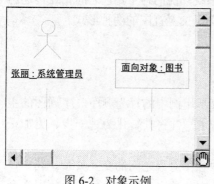

图 6-2 对象示例

序列图中的对象和对象图中的对象的概念一样,都是类的实例。序列图中的对象可以是系统的参与者或者任何有效的系统对象。对象的表示形式也和对象图中的对象的表示方式一样,用包围名称的矩形框标记,所显示的对象及其类的名称带有下划线,二者用冒号隔开,即"对象名:类名"的形式,对象的下部有一条称为"生命线"的垂直虚线,如图 6-2 所示。

如果对象的开始位置在序列图的顶部,那就意味着序列图在开始交互的时候该对象就已经存在了,如果对象的位置不在顶部,那么表明对象在交互的过程中将被创建。

在序列图中可以通过以下几种方式使用对象。

(1)用对象生命线建立类与对象行为的模型,这也是序列图的主要目的。

(2)不指定对象的类,先用对象创建序列图,随后再指定它们所属的类。这样可以描述系统的一个场景。

(3)区分同一个类的不同对象之间如何交互时,首先应给出对象名,然后描述同一类对象的交互,也就是说,同一序列图中的几条生命线可以表示同一个类的不同对象,两个对象之间是根据对象名称进行区分的。

(4)表示类的生命线可以与表示该类对象的生命线平行存在。可以将表示类的生命线的对象名称设置为类的名称。

通常将一个交互的发起对象称为主角,对于大多数业务应用软件,主角通常是一个人或一个组织。主角实例通常由序列图中的第一条(最左侧)生命线表示,也就是把它们放在模型的"可看见的开始之处"。如果在同一序列图中有多个主角实例,就应尽量使它们位于最左侧或最右侧的生命线。同样,那些与主角相交互的角色被称为反应系统角色,通常放在图的右边。在许多的业务应用软件中,这些角色经常称为 Backend Entities(后台实体),即那些系统通过存取技术交互的系统,如消息队列、Web Service 等。

6.2.2 生命线

生命线是一条垂直的虚线,用来表示序列图中的对象在一段时间内的存在。每个对象的底部的中心位置都带有生命线。生命线是一个时间线,从序列图的顶部一直延伸到底部,所用时间取决于交互持续的时间,也就是说生命线表现了对象存在的时段。

对象与生命线结合在一起称为对象的生命线。对象存在的时段包括对象在拥有控制线程时或被动对象在控制线程通过时存在。当对象在拥有控制线程时，对象被激活，作为线程的根。被动对象在控制线程通过时，也就是被动对象被外部调用，通常称为活动，它的存在时间包括调用下层过程的时间。

对象的生命线包含矩形的对象图以及图标下面的生命线，如图 6-3 所示。

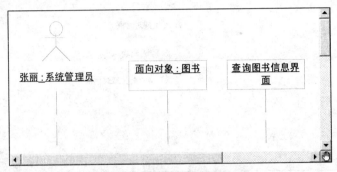

图 6-3　对象生命线示例

生命线间的箭头代表对象之间的消息传递，指向生命线的箭头表示对象接收信息，常由一个操作完成，箭尾表示对象发送信息，由一个操作激活。生命线之间箭头排列的几何顺序代表了消息的时间顺序。

6.2.3　激活

对象生命线上的窄矩形条称为激活（Activation），激活表示该对象正在执行某个操作。激活条的长短表示执行操作的时间。一个被激活的对象要么执行自己的代码，要么等待另一个对象的返回结果，如图6-4 所示。

激活在序列图中不能够单独存在，必须与生命线连在一起使用，当一条消息被传递给对象的时候，该消息将触发该对象的某个行为，此时该对象就被激活了。

通常情况下，表示激活的矩形的顶点是消息和生命线交汇的地方，表示对象从此时开始获得控制权，而矩形的底部则表示该次交互已经结束，或对象的控制权已经交出。

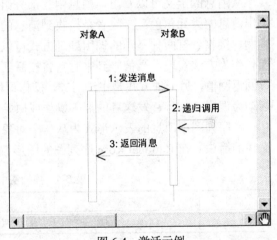

图 6-4　激活示例

序列图中一个对象的控制期矩形不必总是扩展到对象生命线的末端，也不必连续不断。例如，在下面的示例中，当用户成功登录并进入主管理界面后，登录界面对象将失去控制期而激活主管理界面。如图 6-5 所示，在这个示例中，登录界面对象在图书管理员运行系统时被激活。当图书管理员成功登录后，登录界面对象发送"生成对话框"消息激活主管理界面对象，而登录界面对象将丢失控制权暂停活动。

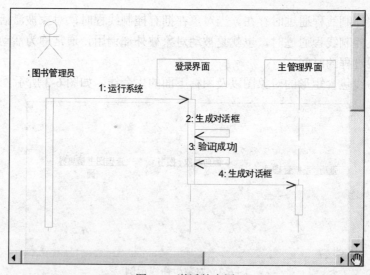

图 6-5　激活的应用

6.2.4　消息

消息(Messages)是从一个对象(发送者)向另一个或其他几个对象(接收者)发送信号，或由一个对象(发送者或调用者)调用另一个对象(接收者)的操作。它可以有不同的实现方式，如过程调用、活动线程间的内部通信、事件的发生等。

从消息的定义可以看出，消息由三部分组成，分别是发送者、接收者和活动：发送者是发出消息的类元角色；接收者是接收到消息的类元角色，接收消息的一方也被认为是事件的实例，接收者有两种不同的调用处理方式可以选用，通常由接收者的模型决定，一种方式是操作作为方法实现，当信号到来时它将被激活，过程执行完后，调用者收回控制权，并可以收回返回值，另一种方式是主动对象，操作调用可能导致调用事件，它触发一个状态机转换；活动为调用、信号、发送者的局部操作或原始活动，如创建或销毁等。

在序列图中消息的表示形式为从一个对象(发送者)的生命线指向另一个对象(目标)的生命线的箭头。在 Rational Rose 序列图的图形编辑工具栏中，消息有表 6-1 所示的几种形式。

表 6-1　序列图中消息符号的表示

符号	名称	含义
→	Object Message	两个对象之间的普通消息，消息在单个控制线程中运行
↩	Message to Self	对象的自身消息
···>	Return Message	返回消息
→	Procedure Call	两个对象之间的过程调用
→	Asynchronous Message	两个对象之间的异步消息，即客户发出消息后不管消息是否被接收，继续别的事物

除此之外，还可以利用消息的规范设置消息的其他类型，如同步(Synchronous)消息、阻止(Balking)消息和超时(Timeout)消息等。同步消息表示发送者发出消息后等待接收者响应这个消息；阻止消息表示发送者发出消息给接收者，如果接收者无法立即接收消息，则发送者放弃这个消息；超时消息表示发送者发出消息给接收者，如果接收者超过一定时间未响应，

则发送者放弃这个消息。

在 Rational Rose 中还可以设置消息的频率。消息的频率可以让消息按规定的时间间隔发送，如每 10s 发送一次消息，主要包括两种设置：定期(Periodic)和不定期(Aperiodic)。定期消息按照固定的时间间隔发送。不定期消息只发送一次或者在不规则的时间内发送。

消息按时间顺序从顶到底垂直排列。如果多条消息并行，则它们之间的顺序不重要。消息可以有序号，但因为顺序是用相对关系表示的，通常也可以省略序号。在 Rational Rose 中可以设置是否显示序号。设置是否显示序号的步骤：选择 Tools/Options 命令，在弹出的对话框中打开 Diagram 选项卡，如图 6-6 所示，选中或取消 Sequence numbering 复选框。

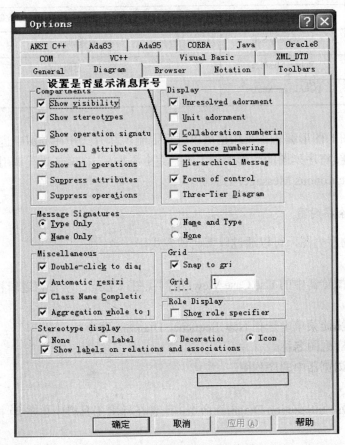

图 6-6　设置是否显示消息序号

6.3　序列图建模及案例分析

学习了序列图的各种概念，下面介绍如何使用 Rational Rose 创建序列图以及序列图中的各种模型元素。

6.3.1　创建对象

在序列图的工具栏中可以使用的工具按钮如表 6-2 所示，在该表中包含了所有 Rational Rose 默认显示的 UML 模型元素。

表 6-2 序列图的图形编辑工具栏按钮

按钮图标	按钮名称	用途
	Selection Tool	选择工具
ABC	Text Box	创建文本框
▱	Note	创建注释
╱	Anchor Note to Item	将注释连接到序列图中的相关模型元素
▯	Object	序列图中的对象
→	Object Message	两个对象之间的普通消息，消息在单个控制线程中运行
⇄	Message to Self	对象的自身消息
⋯→	Return Message	返回消息
×	Destruction Marker	销毁对象标记

同样，序列图的图形编辑工具栏也可以进行定制，其方式和在类图中进行定制图形编辑工具栏的方式一样。将序列图的图形编辑工具栏完全添加后，将增加过程调用(Procedure Call)和异步消息(Asynchronous Message)的图标。

1. 创建和删除序列图

创建一个新的序列图，可以通过以下两种方式。

方式一：

(1)右键单击浏览器中的 Use Case View(用例视图)、Logical View(逻辑视图)或者位于这两种视图下的包。

(2)在弹出的快捷菜单中选择 New/Sequence Diagram 命令。

(3)输入新的序列图名称。

(4)双击打开浏览器中的序列图。

方式二：

(1)选择 Browse/Interaction Diagram 命令，或者在标准工具栏中单击 🔲 按钮，弹出图 6-7所示的对话框。

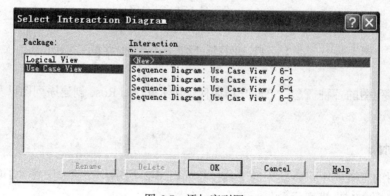

图 6-7 添加序列图

(2)在 Package 列表框中选择要创建的序列图的包的位置。

(3)在 Interaction Diagram 列表框中选择 New 选项。

(4)单击 OK 按钮，在弹出的对话框中输入新的图名称，并选择 Diagram Type（图的类型）为序列图。

如果需要在模型中删除一个序列图，可以通过以下步骤进行。

(1)在浏览器中选中需要删除的序列图，单击右键。

(2)在弹出快捷菜单中选择 Delete 命令。

2. 创建和删除序列图中的对象

如果需要在序列图中增加一个对象，可以通过工具栏、浏览器或菜单栏三种方式。

通过图形编辑工具栏添加对象的步骤如下。

(1)在图形编辑工具栏中单击 早 按钮，此时光标变为"+"号。

(2)在序列图中单击任意一个位置，系统将在该位置创建一个新的对象，如图 6-8 所示。

(3)在对象的名称栏中输入对象的名称。这时对象的名称也会在对象上端的栏中显示。

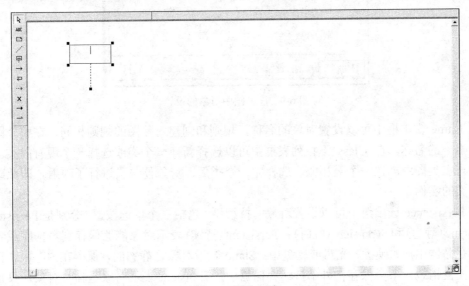

图 6-8　添加对象

使用菜单栏添加对象的步骤如下。

(1)选择 Tools/Create/Object 命令，此时光标变为"+"号。

(2)以下的步骤与使用工具栏添加对象的步骤类似，可按照使用工具栏添加对象的步骤添加。

如果使用浏览器进行添加，只需选择需要添加对象的类，拖动到编辑框中。

可以通过以下方式删除一个对象。

(1)选中需要删除的对象，单击右键。

(2)在弹出的快捷菜单中选择 Edit/Delete from Model 命令，或者按 Ctrl+Delete 快捷键。

3. 设置序列图中的对象

序列图中的对象可以通过设置增加对象的细节，如设置对象名、对象的类、对象的持续性以及对象是否有多个实例等。

选中需要打开的对象，单击右键，在弹出的快捷菜单中选择 Open Specification 命令，弹出如图 6-9 所示对话框。

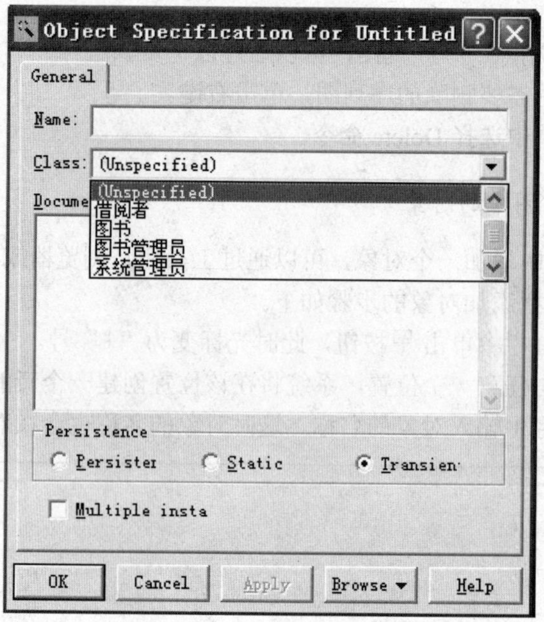

图 6-9　序列图中对象的设置

在 Name 文本框中可以设置对象的名称，规则和创建对象图的规则相同，在整个图中对象具有唯一的名称。在 Class 下拉列表框中可以选择新建一个类或选择一个现有的类。新建一个类与在类图中创建一个类相似。选择完一个类后，对象便与类进行了映射，即此时的对象是该类的实例。

在 Persistence 选项组中可以设置对象的持续型，包括三个单选按钮，分别是 Persistent（持续）、Static（静态）和 Transient（临时）：Persistent（持续）表示对象能够保存到数据库或者其他的持续存储器中，如硬盘、光盘或软盘中；Static 表示对象是静态的，保存在内存中，直到程序终止才会销毁，不会保存在外部持续存储器中；Transient 表示对象是临时对象，只是短时间内保存在内存中。默认选项为 Transient。

如果对象实例是多对象实例，那么也可以通过选择 Multiple Instances 命令（多个实例）进行设置。多对象实例在序列图中没有明显的表示，但是将序列图与协作图进行转换的时候，在协作图中就会明显地表现出来。

6.3.2　创建生命线

在序列图中，生命线是一条位于对象下端的垂直虚线，表示对象在一段时间内的存在。当对象被创建后，生命线便存在。当对象被激活后，生命线的一部分虚线变成细长的矩形框。在 Rational Rose 中是否将虚线变成矩形框是可选的，可以通过菜单栏设置是否显示对象生命线被激活时的矩形框。

设置是否显示对象生命线被激活的矩形框的步骤：选择 Tools/Options 命令，在弹出的对话框中打开 Diagram 选项卡，如图 6-10 所示，选中或取消 Focus of control 复选框。

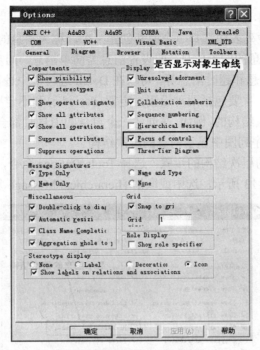

图 6-10　设置显示对象生命线

6.3.3　创建消息

在序列图中添加对象与对象之间的简单消息的步骤如下。

(1)单击序列图图形编辑工具栏中的 →图标,或者选择 Tools/Create object/Message 命令,此时的光标变为"↑"符号。

(2)单击需要发送消息的对象。

(3)将消息的线段拖动到接收消息的对象中。

(4)在线段中输入消息的文本内容。

(5)双击消息的线段,弹出设置消息规范的对话框,如图 6-11 所示。

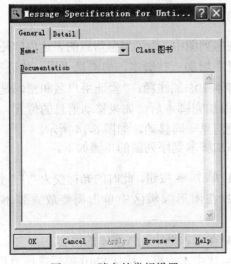

图 6-11　消息的常规设置

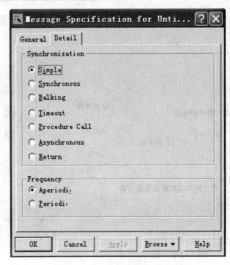

图 6-12　消息的详细设置

（6）在 General 选项卡中可以设置消息的名称，消息的名称也可以是消息接收对象的一个执行操作，在 Name 下拉列表中选择一个或新创建一个，称为消息的绑定操作。

（7）如果需要设置消息的同步信息，即设置消息为简单消息、同步消息、异步消息、返回消息、过程调用、阻止消息和超时消息等，可以在 Detail 选项卡中进行设置，如图 6-12 所示。还可以设置消息的频率，主要包括两种设置：定期（Periodic）和不定期（Aperiodic）。

消息的显示是有层次结构的，例如，在创建一个自身的消息时都会有层次结构。在 Rational Rose 中可以设置是否在序列图中显示消息的层次结构。

设置是否显示消息的层次结构的步骤：选择 Tools/Options 命令，在弹出的对话框中打开 Diagram 选项卡，如图 6-13 所示，选中或取消 Hierarchical Message 复选框。

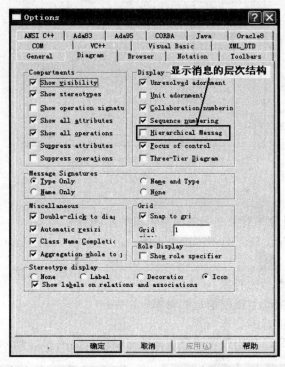

图 6-13　设置消息的层次结构

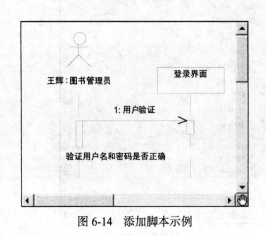

图 6-14　添加脚本示例

在序列图中，为了增强消息的表达内容还可以在消息中增加一些脚本，如消息"用户验证"，可以在脚本中添加注释："验证用户名和密码是否正确"，添加完脚本后，如果移动消息的位置，脚本也会随消息一同移动，如图 6-14 所示。

添加脚本到序列图的步骤如下。

（1）单击 ABC 按钮，此时的光标变为"↑"符号。

（2）在图形编辑区中单击需要放置脚本的位置。

（3）在文本框中输入脚本的内容。

（4）选中文本框，按住 Shift 键后选择消息。

(5)选择 Edit/Attach Scrip 命令。

另外也可以在脚本中输入一些条件逻辑，如 if…else 语句等。除此之外，还可以用脚本显示序列图中的循环和其他的伪代码等。

不可能指望这些脚本生成代码，但是可以通过这些脚本让开发人员了解程序的执行流程。

如果要将脚本从消息中删除，可以通过以下的步骤。

(1)选中该消息，这时也会默认选中消息绑定的脚本。

(2)选择 Edit/Detach Script 命令。

6.3.4　销毁对象

销毁对象表示对象生命线的结束，在对象生命线中使用一个"×"进行标识。在对象生命线中添加销毁标记的步骤如下。

(1)在序列图的图形编辑工具栏中选择×图标，此时的光标变为"+"符号。

(2)单击想要销毁对象的生命线，此时该标记在对象生命线中标识。该对象生命线自销毁标记以下的部分消失。

对象的销毁示例如图 6-15 所示，在该图中销毁了 ObjectC。

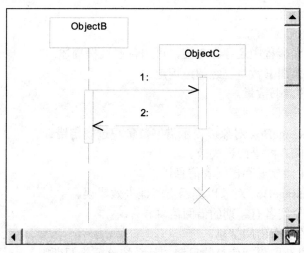

图 6-15　销毁对象示例

以下将以图书管理系统的一个简单用例"借阅图书"为例，介绍如何创建系统的序列图。

根据系统的用例或具体的场景，描绘出系统的一组对象在时间上交互的整体行为，这是使用序列图进行建模的目标。一般情况下，系统的某个用例往往包含好几个工作流程，这个时候就需要创建几个序列图来进行描述。

创建序列图模型包含以下四项任务。

(1)确定需要建模的用例。

(2)确定用例的工作流。

(3)确定各工作流所涉及的对象，并按从左到右顺序进行布置。

(4)添加消息和条件以便创建每一个工作流。

1. 确定用例与工作流

建模序列图的第一步是确定要建模的用例。系统的完整序列图模型是为每一个用例创建序列图。在本案例中，将只对系统的借阅图书用例建模序列图，因此，这里只考虑借阅图书用例及其工作流。借阅图书用例的描述如表 6-3 所示。

表 6-3　借阅图书用例的描述

用例名称	借阅图书
标识符	UC0001
用例描述	图书管理员代理借阅者办理借阅手续
参与者	图书管理员
前置条件	图书管理员已经登录系统
后置条件	如果这个用例成功，在系统中存储借阅记录

可以通过更加具体的描述确定工作流程，基本的工作流程如下。

(1)图书管理员输入借阅证信息。

(2)系统验证借阅证的有效性。

(3)图书管理员输入图书信息。

(4)添加新的借阅记录。

(5)显示借书后的借阅信息。

在这些基本的工作流程中还存在分支，可用备选过程描述。

备选过程 A：所借图书数量已经超过规定。

(1)获取借阅者的借书数量。

(2)系统验证借书数量。

(3)创建一个 MessageBox 对象以提示借书数量超过规定错误。

备选过程 B：借阅者的借阅证失效。

(1)借阅者实例化对象返回借阅者信息错误。

(2)创建一个 MessageBox 对象以提示借阅证失效错误。

备选过程 C：该借阅者有超期的借阅信息。

(1)获取借阅者的所有借阅信息。

(2)查询数据库以获取借阅信息的日期，且系统验证借阅期限。

(3)显示超期的图书信息。

(4)创建一个 MessageBox 对象以提示借阅超期错误。

2. 布置对象与添加消息

在确定用例的工作流后，下一步是从左到右布置工作流所涉及的所有参与者和对象。接下来就要为每个工作流作为独立的序列图建模，按照消息的过程一步一步将消息绘制在序列图中，并添加适当的脚本绑定到消息中。基本工作流程的序列图如图 6-16 所示。

备选过程 A 的序列图如图 6-17 所示。

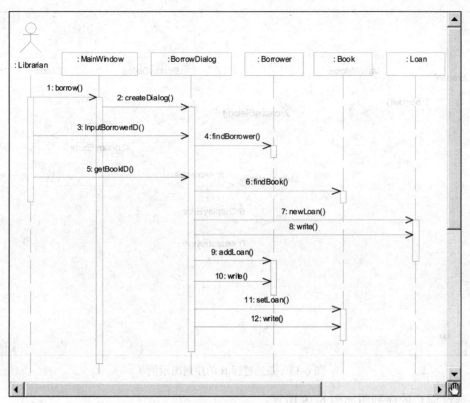

图 6-16　基本工作流程的序列图示例

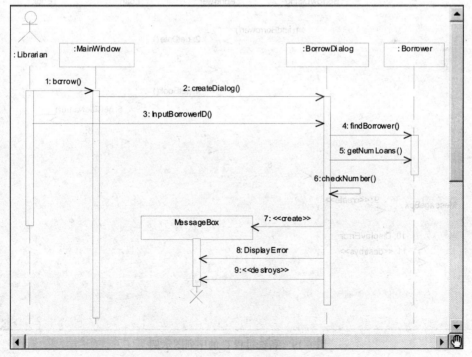

图 6-17　备选过程 A 的序列图示例

备选过程 B 的序列图如图 6-18 所示。

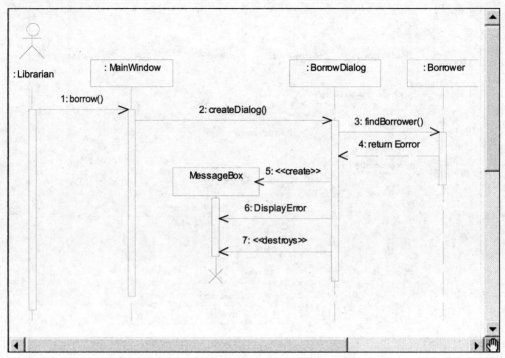

图 6-18　备选过程 B 的序列图示例

备选过程 C 的序列图如图 6-19 所示。

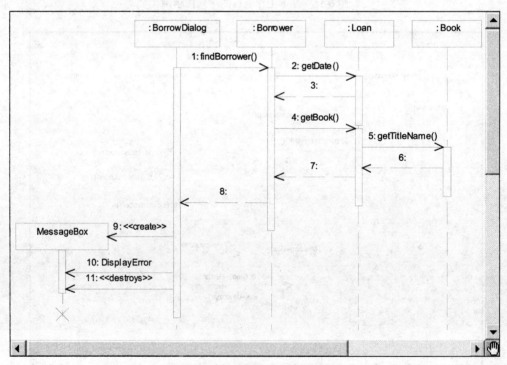

图 6-19　备选过程 C 的序列图示例

绘制完用例的各种工作流序列图后，可以将工作流序列图合并为一个序列图。为了使序列图更加清楚，这里将它们分别列出。

6.4 总 结

本章详细介绍了 UML 动态结构模型中的序列图。首先介绍了序列图的基本概念，接着介绍了序列图的组成要素和如何使用 Rational Rose 建模工具创建序列图，最后通过一个案例介绍如何创建序列图。希望通过这一章的学习，读者能够根据需求分析和用例描绘出一个简单的序列图。

习 题

1. 填空题

(1) 序列图是由_____、_____、_____和_____等构成的。

(2) _____是一条垂直的虚线，用来表示序列图中的对象在一段时间内的存在。

(3) 在序列图中，_____用一个细长的矩形框表示。

(4) 消息由三部分组成，分别是_____、_____和_____。在序列图中，消息的表示形式为从一个_____的生命线指向另一个_____的生命线的箭头。

2. 选择题

(1) 序列图中消息的类型有( )。

A. 同步消息   B. 异步消息

C. 超时消息   D. 阻止消息

(2) 下列说法不正确的是( )。

A. 序列图中对象的开始位置可以位于序列图的顶部，也可以不在顶部

B. 序列图中的对象可以是系统的参与者或者任何有效的系统对象

C. 序列图中的所有对象在程序一开始运行的时候，其生命线都必须存在

D. 序列图将交互关系表示为一个二维图

(3) 序列图的作用有( )。

A. 确认和丰富一个使用语境的逻辑表达

B. 细化用例的表达

C. 有效地描述如何分配各个类的职责以及各类具有相应职责的原因

D. 显示在交互过程中各个对象之间的组织交互关系以及对象彼此之间的连接

3. 简答题

(1) 序列图中，如何创建和销毁对象？

(2) 序列图中的消息有哪些？

(3) 序列图的作用是什么？

(4) 序列图有哪些组成部分？

4. 练习题

(1) 分析图书管理系统的还书用例，为其建立序列图模型。

(2) 下面列出了打印文件时的工作流：

①用户通过计算机指定要打印的文件。

②打印服务器根据打印机是否空闲，操作打印机打印文件。

③如果打印机空闲，则打印机打印文件。

④如果打印机忙，则将打印消息存放在队列中等待。

经分析确认，该系统有四个对象：Computer、PrintServer、Printer 和 Queue。请给出对应于该工作流的序列图。

(3)下面是一个客户在 ATM 机上的取款工作流。

①客户选择取款功能选项。

②系统提示插卡。

③客户插入银行卡后，系统提示用户输入密码。

④客户输入自己的密码。

⑤系统检查密码是否正确。

⑥如果密码正确，则系统显示用户账户上的剩余金额，并提示用户输入想要提取的金额。

⑦用户输入提取金额后，系统检查输入数据的合法性。

⑧在获取用户输入的正确金额后，系统开始一个事务处理，减少账户上的余额，并输出相应的现金。

从该工作流中分析求出所涉及的对象，并用序列图描述这个过程。

第7章 协 作 图

本章将介绍交互视图的另外一种图——协作图。与序列图一样,协作图也展示对象之间的交互关系。序列图主要描述某个用例的系统各组成部分之间的次序,而协作图从另一个角度描述系统对象之间的链接,在协作图中明确表示了角色之间的关系,通过协作角色限定协作中的对象或链。与序列图描述随着时间交互的各种消息不同,协作图侧重描述哪些对象之间有消息传递,而不像序列图那样侧重在某种特定的情形下对象之间传递消息的时序性。也就是说,序列图强调的是交互的时间顺序,而协作图强调的是交互的情况和参与交互的对象的整体组织。还可以从另一个角度看这两种图:序列图按照时间顺序布图,而协作图按照空间组织布图。

序列图和协作图在语义上是等价的,所以建模人员可以先从一种交互图进行建模,然后再将其转换成另一种图,而且在转换的过程中不会丢失信息。

7.1 协作图概述

协作图是对在一次交互过程中有意义对象和对象间的链建模,显示了对象之间如何进行交互以执行特定用例或用例中特定部分的行为。在协作图中,类元角色描述了一个对象,关联角色描述了协作关系中的链,并通过几何排列表现交互作用中的各个角色。

要理解协作图(Collaboration Diagram),首先要了解什么是协作(Collaboration)。协作是指在一定的语境中一组对象以及实现某些行为的对象间的相互作用。它描述了一组对象为实现某种目的而组成相互合作的"对象社会"。在协作中,它同时包含了运行时的类元角色(Classifier Roles)和关联角色(Association Roles)。类元角色表示参与协作执行的对象的描述,系统中的对象可以参与一个或多个协作;关联角色表示参与协作执行的关联的描述。

协作图就是表现对象协作关系的图,它表示了协作中作为各种类元角色的对象所处的位置,在图中主要显示了类元角色和关联角色。类元角色和关联角色描述了对象的配置和当一个协作的实例执行时可能出现的连接。当协作被实例化时,对象受限于类元角色,连接受限于关联角色。

如果从结构和行为两个方面分析协作图,那么从结构方面,协作图和对象图一样,包含了一个角色集合和它们之间定义了行为方面的内容的关系,从这个角度,协作图也是类图的一种,但是协作图与类图这种静态视图的区别是:静态视图描述了类固有的内在属性,而协作图描述了类实例的特性,因为只有对象的实例才能在协作中扮演自己的角色,它在协作中起了特殊的作用。从行为方面讲,协作图和序列图一样,包含了一系列的消息集合,这些消息在具有某一角色的各对象间进行传递交换,为达到的目标完成协作中的对象。可以说在协作图的一个协作中,描述了该协作所有对象组成的网络结构以及相互发送消息的整体行为,表示了潜藏在计算过程中的三个主要结构的统一,即数据结构、控制流和数据流的统一。

在一张协作图中,只有那些涉及协作的对象才会被表示出来,即协作图只对相互间具有交互作用的对象和对象间的关联建模,而忽略了其他对象和关联。可以将协作图中的对象标识成四个组:存在于整个交互作用中的对象、在交互作用中创建的对象、在交互作用中销毁的对象、在交互作用中创建并销毁的对象。在设计时要区分这些对象,并首先表示操作开始时可获取的对象和连接，然后决定如何控制流向图中正确的对象实现操作。

在 UML 的表示中，协作图将类元角色表示为类的符号(矩形)，将关联角色表现为实线的关联路径，关联路径上带有消息符号。通常，不带消息的协作图标明了交互作用发生的上下文，而不表示交互。它可以表示单一操作的上下文，甚至可以表示一个或一组类中所有操作的上下文。如果关联线上标有消息，图形就可以表示一个交互。一个交互用来代表一个操作或者用例的实现。

如图 7-1 所示，显示的是系统管理员查询借阅者信息的协作图。在该图中涉及三个对象之间的交互，分别是系统管理员、查询借阅者界面和借阅者，消息的编号显示了对象交互的步骤，该图与第 6 章中介绍的序列图中的示例等价。

图 7-1　协作图示例

协作图作为一种在给定语境中描述协作中各个对象之间的组织交互关系的空间组织结构的图形化方式，在使用其进行建模时，可以将其作用分为以下三个方面。

(1)通过描绘对象之间消息的传递情况反映具体的使用语境的逻辑表达：一个使用情境的逻辑可能是一个用例的一部分或是一条控制流。这和序列图的作用类似。

(2)显示对象及其交互关系的空间组织结构：协作图显示了在交互过程中各个对象之间的组织交互关系以及对象彼此之间的链接。与序列图不同，协作图显示的是对象之间的关系，并不侧重交互的顺序，它没有将时间作为一个单独的维度，而是使用序列号确定消息及并发线程的顺序。

(3)表现一个类操作的实现：协作图可以说明类操作中使用的参数、局部变量以及返回值等。当使用协作图表现一个系统行为时，消息编号对应了程序中嵌套调用的结构和信号传递过程。

协作图和序列图虽然都表示出了对象间的交互作用，但是它们的侧重点不同。序列图表示了注重表达交互作用中的时间顺序，但没有明确表示对象间的关系。而协作图却不同，它注重表示了对象间的关系，但时间顺序可以从对象流经的顺序编号中获得。序列图常常被用于表示方案，而协作图则被用于过程的详细设计。

7.2　协作图组成要素及表示方法

协作图(Collaboration Diagram)是由对象(Object)、消息(Messages)和链(Link)等构成的。协作图通过各个对象之间的组织交互关系以及对象彼此之间的链接，表达对象之间的交互。

7.2.1　对象

由于在协作图中要建模系统的交互，而类在运行时不做任何工作，系统的交互是由类的实例化形式(对象)完成所有的工作，因此，首要关心的问题是对象之间的交互。协作图中的对象和序列图中的对象的概念相同，都是类的实例。一个协作代表为了完成某个目标而共同工作的一组对象。对象的角色表示一个或一组对象在完成目标的过程中所起的部分作用。对象是角色所属的类的直接或者间接实例。在协作图中，不需要关于某个类的所有对象都出现，同一个类的对象在一个协作图中也可能要充当多个角色。

协作图中可以使用三种类型的对象实例，如图 7-2 所示。其中，第一种对象实例是未指定对象所属的类名。这种标记符说明实例化对象的类在该模型中未知或不重要。第二种表示法完全限定对象名，包含对象名

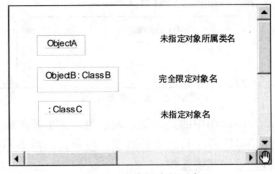

图 7-2 协作图中的对象

和对象所属的类名。这种表示法用来引用特有的、唯一的、命名的实例。第三种表示法只指定了类名，而未指定对象名。这种表示法表示类的通用对象实例名。

7.2.2 消息

在协作图中，可以通过一系列的消息描述系统的动态行为。与序列图中的消息的概念相同，都是从一个对象(发送者)向另一个或其他几个对象(接收者)发送信号，或由一个对象(发送者或调用者)调用另一个对象(接收者)的操作，并且都是由三部分组成，分别是发送者、接收者和活动。

与序列图中的消息不同的是在协作图中消息的表示方式。在协作图中，消息用带有标签的箭头表示，它附在连接发送者和接收者的链上。链连接了发送者和接收者，箭头的指向便是接收者。消息也可以通过发送给对象本身依附在连接自身的链上。在一个连接上可以有多个消息，它们沿相同或不同的路径传递。每个消息包括一个顺序号以及消息的名称。消息标签中的顺序号标识了消息的相关顺序，同一个线程内的所有消息按照顺序排列，除非有一个明显的顺序依赖关系，不同线程内的消息是并行的。消息的名称可以是一个方法，包含一个名字、参数表、可选的返回值表。

协作图中的消息如图 7-3 所示，显示了两个对象之间的消息通信，包含"发送消息"和"返回消息"两步。

协作图上的对象也能给自己发送消息。这首先需要一个从对象到其本身的通信链接，以便能够调用消息，如图 7-4 所示。

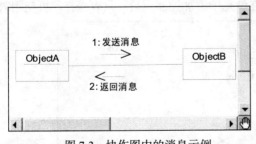

图 7-3 协作图中的消息示例

图 7-4 对象调用自身消息

协作图中的消息可以被设置成同步消息、异步消息、简单消息等。

协作图中的同步消息用一个实心箭头表示，它在处理流发送下一个消息之前必须处理完成。图 7-5 中的示例演示了文本编辑器对象将 Load(file)同步消息发送到文件系统 FileSystem，

文本编辑器将等待打开文件。

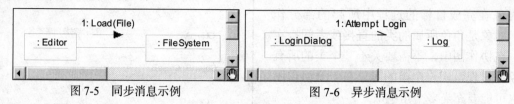

图 7-5 同步消息示例   图 7-6 异步消息示例

协作图中的异步消息表示为一个半开的箭头。如图 7-6 所示，登录界面对象发送一个异步消息给登录日志文件对象，登录界面对象不需要等待登录日志文件对象的响应消息，即可立刻进行其他操作。

简单消息在协作图中的表示方法为一个开放箭头。它的作用与在序列图中一样，表示未知或不重要的消息类型。其表示方法如图 7-7 所示。

在传递消息时，与在序列图中的消息一样，也可以为消息指定传递的参数。图 7-8 演示了一个计算器对象如何向 Math 对象传递参数，以计算某数的平方根。

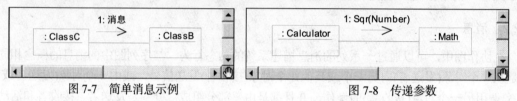

图 7-7 简单消息示例   图 7-8 传递参数

协作图中采用数字加字母的方式表示并发的多个消息。如图 7-9 所示，假设一个程序项目包含资源文件和代码文件，当打开该项目时，开发工具将同时打开所属的资源文件和代码文件。

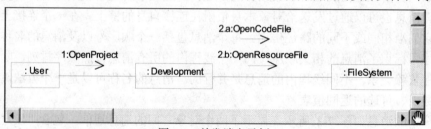

图 7-9 并发消息示例

有时消息只有在特定条件为真时才应该被调用。为此，需要在协作图中添加一组控制点，描述调用消息之前需要评估的条件。控制点由一组逻辑判断语句组成，只有当逻辑判断语句为真时，才调用相关的消息。如图 7-10 所示，当在消息中添加控制点后，只有当打印机空闲时才打印。

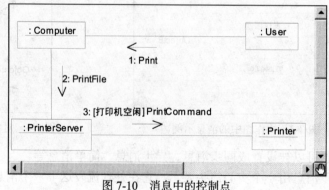

图 7-10 消息中的控制点

7.2.3 链

在协作图中的链与对象图中链的概念以及表示形式都相同，都是两个或多个对象之间的独立连接，是对象引用元组（有序表），是关联的实例。在协作图中，关联角色是与具体的语境有关的暂时的类元之间的关系，关系角色的实例也是链，其寿命受限于协作的长短，如同序列图中的对象的生命线一样。在协作图中，链的表示形式为一个或多个相连的线或弧。在自身相关联的类中，链是两端指向同一对象的回路，是一条弧。为了说明对象是如何与另外一个对象连接的，还可以在链的两端添加提供者和客户端的可见性修饰，图 7-11 是链的普通和自身关联的表示形式。

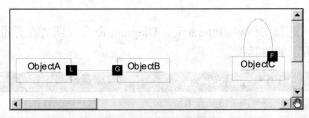

图 7-11 链的表示形式

7.3 协作图建模及案例分析

了解了协作图中的各种基本概念，下面介绍如何使用 Rational Rose 创建协作图以及协作图中的各种模型元素。

7.3.1 创建对象

在协作图的图形编辑工具栏中，可以使用的工具按钮如表 7-1 所示，在该表中包含了所有 Rational Rose 默认显示的 UML 模型元素。

表 7-1 协作图图形编辑工具栏中的图标

图标	名称	用途
	Selection Tool	选择工具
ABC	Text Box	创建文本框
	Note	创建注释
	Anchor Note to Item	将注释连接到协作图中的相关模型元素
	Object	协作图中的对象
	Class Instance	类的实例
	Object Link	对象之间的链接
	Link to Self	对象自身链接
	Link Message	链接消息
	Reverse Link Message	相反方向的链接消息
	Data Token	数据流
	Reverse Data Token	相反方向的数据流

1. 创建和删除协作图

创建一个新的协作图，可以通过以下两种方式进行。

方式一：

(1)右击浏览器中的 Use Case View、Logical View 或者位于这两种视图下的包。

(2)在弹出的快捷菜单中，选择 New/Collaboration Diagram 命令。

(3)输入新的协作图名称。

(4)双击打开浏览器中的协作图。

方式二：

(1)在菜单栏中，选择 Browse/Interaction Diagram 命令，或者在标准工具栏中单击 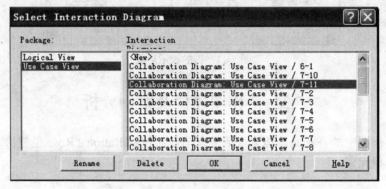 图标，弹出如图 7-12 所示的对话框。

图 7-12　添加协作图

(2)在 Package 列表框中，选择要创建的协作图的包的位置。

(3)在 Interaction Diagram 列表框中，选择 New 选项。

(4)单击 OK 按钮，在弹出的对话框中输入新的交互图的名称，并选择 Diagram Type（图的类型）为协作图。

在模型中删除一个协作图，可以通过以下两种方式进行。

方式一：

(1)在浏览器中选中需要删除的协作图，单击右键。

(2)在弹出的快捷菜单中选择 Delete 命令。

方式二：

(1)在菜单栏中选择 Browse/Interaction Diagram 命令，或者在标准工具栏中单击 图标，弹出如图 7-12 所示的对话框。

(2)在 Package 列表框中，选择要删除的协作图的包的位置。

(3)在右侧的 Interaction Diagram 列表框中，选中该协作图。

(4)单击 Delete 按钮，在弹出的对话框中确认。

2. 创建和删除协作图中的对象

如果需要在协作图中增加一个对象，可以通过工具栏、浏览器或菜单栏三种方式添加。

通过图形编辑工具栏添加对象的步骤如下：

(1)在图形编辑工具栏中，单击 ⊟ 图标，此时光标变为"＋"号。

(2)在协作图中单击，任意选择一个位置，系统在该位置创建一个新的对象。

(3)在对象的名称栏中输入对象的名称，这时对象的名称也会在对象上端的栏中显示。

使用菜单栏添加对象的步骤如下：

(1)在菜单栏中，选择 Tools/Create Object 命令，此时光标变为"＋"号。

(2)以下的步骤与使用工具栏添加对象的步骤相似，按照使用工具栏添加对象的步骤添加对象即可。

如果使用浏览器，只需选择需要添加对象的类，并将其拖到编辑框中即可。

删除一个对象可以通过以下方式：

(1)选中需要删除的对象，单击右键。

(2)在弹出的快捷菜单中选择 Edit/Delete from Model 命令，或者按 Ctrl+D 快捷键即可。

在协作图中的对象，也可以通过规范设置增加对象的细节，如设置对象名、对象的类、对象的持续性以及对象是否有多个实例等。其设置方式与在序列图中对象规范设置的方式相同，参照序列图中对象规范的设置即可。

在 Rational Rose 的协作图中，对象还可以通过设置显示对象的全部或部分属性信息。设置的步骤如下：

(1)选中需要显示其属性的对象。

(2)右击该对象，在弹出的快捷菜单中选择 Edit Compartment 命令，弹出如图 7-13 所示的对话框。

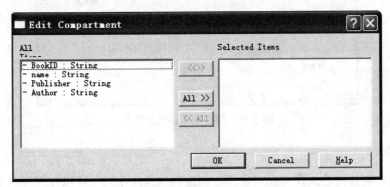

图 7-13　添加对象属性

(3)在左侧的 All Items 列表框中选择需要显示的属性添加到右侧 Selected Items 列表框中。

(4)单击 OK 按钮。

如图 7-14 所示，显示了一个带有自身属性的对象。

图 7-14　显示属性的对象

3. 序列图和协作图之间的切换

在 Rational Rose 中，可以很轻松地从序列图中创建协作图或者从协作图中创建序列图。一旦拥有序列图或协作图，就很容易在两种图之间切换。

从序列图创建协作图的步骤如下。

(1)在浏览器中选中该序列图，双击打开。

(2)选择 Browse/Create Collaboration Diagram 命令，或者按 F5 键。

(3)这时即可在浏览器中创建一个名称与序列图同名的协作图，双击打开。

从协作图创建序列图的步骤如下：

(1)在浏览器中选中该协作图，双击打开。

(2)选择 Browse/Create Sequence Diagram 命令，或者按 F5 键。

(3)这时即可在浏览器中创建一个名称与协作图同名的序列图，双击打开。

如果需要在创建好的这两种图之间切换，可以在一个协作图或序列图中选择 Browse/Go To Sequence Diagram 命令或选择 Browse/Go To Collaboration Diagram 命令，也可以使用快捷键 F5。

7.3.2 创建消息

在协作图中添加对象与对象之间的简单消息的步骤如下：

(1)单击协作图的图形编辑工具栏中的 ✐ 图标，或者选择 Tools/Create Message 命令，此时的光标变为"+"符号。

(2)单击连接对象之间的链。

(3)此时在链上出现一个从发送者到接收者的带箭头的线段。

(4)在消息线段上输入消息的文本内容即可，如图 7-15 所示。

图 7-15 协作图中的消息示例

7.3.3 创建链

在协作图中创建链的操作与在对象图中创建链的操作相同，可以按照在对象图中创建链的方式进行创建。同样也可以在链的规范对话框的 General 选项卡中设置链的名称、关联、角色以及可见性等。链的可见性是指一个对象是否能够对另一个对象可见的机制。链的可见性包含以下几种类型，如表 7-2 所示。

表 7-2 链的可见性类型

可见性类型	用途
Unspecified	默认设置，对象的可见性没有被设置
Field	提供者是客户的一部分
Parameter	提供者是客户的一个或一些操作的参数
Local	提供者对客户来讲是一个本地声明对象
Global	提供者对客户来讲是一个全局对象

对于使用自身链连接的对象，没有提供者和客户，因为它本身既是提供者又是客户，只

需要选择一种可见性，如图 7-16 所示。

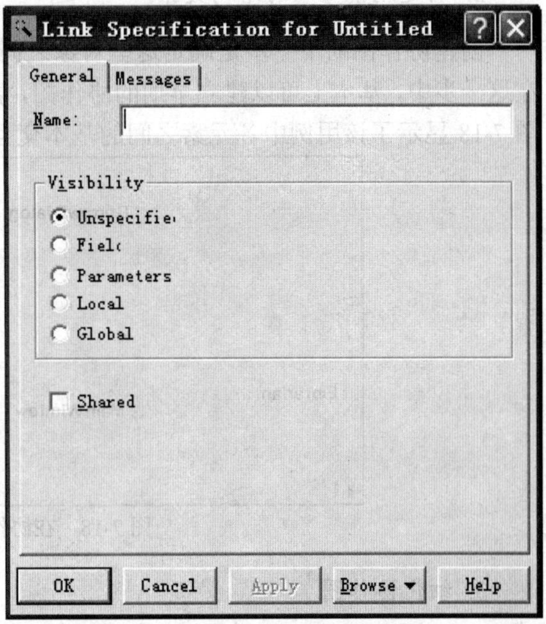

下面将以在序列图中已经介绍过的图书管理系统中的一个简单用例"借阅图书"为例，介绍如何创建系统的协作图。

根据系统的用例或具体的场景，描绘出系统中的一组对象在空间组织结构上交互的整体行为，是使用协作图进行建模的目标。一般情况下，系统的某个用例往往包含好几个工作流程，这个时候就需要同序列图一样，创建几个协作图进行描述。一张协作图仍然是为某一个工作流程进行建模，使用链和消息将工作流程涉及的对象连接起来。从系统中的某个角色开始，在各个对象之间通过消息的序号依次将消息画出。如果需要约束条件，可以在合适的地方附上。

创建协作图的操作步骤如下：

(1)根据系统的用例或具体的场景，确定协作图中应当包含的元素。

图 7-16　自身链的规范设置

(2)确定这些元素之间的关系，可以着手建立早期的协作图，在元素之间添加链接和关联角色等。

(3)将早期的协作图进行细化，把类角色修改为对象实例，并在链上添加消息、指定消息的序列。

1. 确定协作图的元素

首先，根据系统的用例确定协作图中应当包含的元素。从已经描述的用例中，可以确定需要"图书管理员"、"借阅者"和"图书"对象，其他对象暂时还不能很明确地判断。

对于本系统，需要为图书管理员提供与系统交互的场所，那么需要"主界面""借阅界面"对象。如果"借阅界面"对象需要获取"借阅者"对象的借阅信息，那么还需要"借阅"对象。

将这些对象列举到协作图中，如图 7-17 所示。

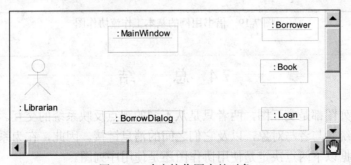

图 7-17　确定协作图中的对象

2. 确定元素之间的结构关系

创建协作图的下一步是确定这些对象之间的连接关系，使用链和角色将这些对象连接。在这一步中，基本上可以建立早期的协作图，表达出协作图中的元素如何在空间上进行交互，图7-18 显示了该用例中各元素之间的基本交互。

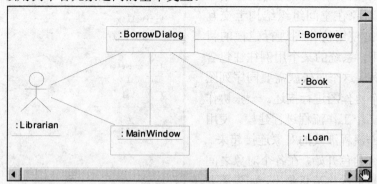

图 7-18　在协作图中添加交互

3. 细化协作图

最后，在链上添加消息并指定消息的序列，如图 7-19 所示。为协作图添加消息时，一般从顺序的顶部开始向下依次添加。

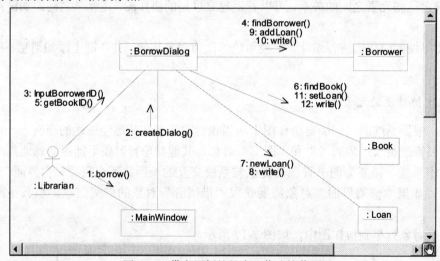

图 7-19　借书用例的基本工作流协作图

7.4　总　　结

协作图和序列图都是交互图，两者只是从不同的观点反映系统的交互。协作图较序列图能更好地显示系统参与者与对象，以及它们之间的消息链接。因此，在为系统交互建模时，建模人员可以根据以下两点决定是使用协作图还是使用序列图。

(1)如果主要针对特定交互期间的消息流，那么可以使用序列图。

(2)如果集中处理交互所涉及的不同参与者与对象之间的链接，那么可以使用协作图。

习　题

1. 填空题

(1) 在协作图中，_____描述了一个对象，_____描述了协作关系中的链，并通过几何排列表现交互作用中的各个角色。

(2) 协作图是由_____、_____和_____等构成的。

(3) 协作图是对在一次交互过程中有意义_____和_____间的链建模，显示了对象之间如何进行_____以执行特定用例或用例中特定部分的行为。

(4) 协作图中的_____是两个或多个对象之间的独立链接，是关联的实例。

(5) 在协作图中，_____用带有标签的箭头表示，它附在连接发送者和接收者的链上。

2. 选择题

(1) 协作图的作用包括(　　)。

A. 显示对象及其交互关系的时间传递顺序

B. 表现一个类操作的实现

C. 显示对象及其交互关系的空间组织结构

D. 通过描绘对象之间消息的传递情况反映具体的使用语境的逻辑表达

(2) 协作图的组成不包括(　　)。

A. 对象　　　　　　　B. 消息　　　　　　　C. 发送者　　　　　　　D. 链

(3) 下列说法不正确的是(　　)。

A. 协作图中的链是关联的实例

B. 协作图中的链是两个或多个对象之间的独立连接

C. 在协作图中，链的表示形式为一个或多个相连的线或弧

D. 在协作图中，同一个类的对象在一个协作图中不可以充当多个角色

(4) 下列说法不正确的是(　　)。

A. 协作图是对在一次交互过程中有意义对象和对象间的链建模

B. 在协作图中，类元角色描述了一个对象，关联角色描述了协作关系中的链，并通过几何排列表现交互作用中的各个角色

C. 协作图显示了对象之间如何进行交互以执行特定用例或用例中特定部分的行为

D. 协作图的目的是描述系统中各个对象按照时间顺序的交互的过程

3. 简答题

(1) 什么是协作图？协作图有何作用？

(2) 协作图和序列图有什么异同？

4. 练习题

(1) 分析图书管理系统的还书用例，为其建立协作图模型。

(2) 为下面打印文件时的工作流建模协作图：

①用户通过计算机指定要打印的文件；

②打印服务器根据打印机是否空闲，操作打印机打印文件；

③如果打印机空闲，则打印机打印文件；

④如果打印机忙，则将打印消息存放在队列中等待。

该系统有四个对象：Computer、PrintServer、Printer 和 Queue。

(3) 根据 ATM 机上取款工作流的序列图，为其建立协作图模型。

第8章 状 态 图

状态图是系统分析的一种常用工具，它描述了一个对象在其生命周期内所经历的各种状态，以及状态之间的转换、发生转换的原因、条件和转换中所执行的活动。所有的对象，只要它具有状态和复杂的行为，都应该有一个状态图。状态图用于指定对象的行为以及根据不同的当前状态行为之间的差别。同时，它还能说明事件是如何改变一个对象的状态。通过状态图可以了解一个对象所能到达的所有状态以及对象收到的事件(收到的消息、超时、错误和条件满足等)对对象状态的影响等。

本章首先介绍状态图的基本知识，接着对组成状态图的几个重要元素进行阐述，然后介绍如何使用 Rose 创建状态图，最后分析一个实例，加深读者对本章所学知识的理解和掌握。

8.1 基于状态的对象行为建模

状态图用于描述模型元素的实例(如对象或交互)的行为。它适用于描述状态和动作的顺序，不仅可以展现一个对象拥有的状态，还可以说明事件如何随着时间的推移影响这些状态。另外，状态图还可以用于许多其他情况，例如，状态图可以用来说明基于用户输入的屏幕状态的改变，也可以用来说明复杂的用例状态进展情况。

状态机是一种记录下给定时刻状态的设备，它可以根据各种不同的输入对每个给定的变化而改变其状态或引发一个动作，如计算机、各种客户端软件、Web 上的各种交互页面都是状态机。

在 UML 中状态机由对象的各个状态和连接这些状态的转换组成，是展示状态与状态转换的图。在面向对象的软件系统中，一个对象无论多么简单或者多么复杂，都必然会经历一个从开始创建到最终消亡的完整过程，这个过程通常称为对象的生命周期。一般对象在其生命周期内是不可能完全孤立的，它必然会接受消息来改变自身或者发送消息来影响其他对象。而状态机就是用于说明对象在其生命周期中响应事件所经历的状态序列以及对这些事件的响应。在状态机的语境中，一个事件就是一次激发的产生，每个激发都可以触发一个状态转换。

状态机由状态、转换、事件、活动和动作五部分组成。

(1)状态指对象在其生命周期中的一种状况，处于某个特定状态中的对象必然会满足某些条件、执行某些动作或者等待某些事件。一个状态的生命周期是一个有限的时间阶段。

(2)转换指两个不同状态之间的一种关系，表明对象将在第一个状态中执行一定的动作，并且在满足某个特定条件下由某个事件触发进入第二个状态。

(3)事件指发生在时间和空间上的对状态机有意义的那些事情。事件通常会引起状态的变迁，促使状态机从一种状态切换到另一种状态。

(4)活动指状态机中进行的非原子操作。

(5)动作指状态机中可以执行的那些原子操作。所谓原子操作指它们在运行的过程中不能被其他消息中断，必须一直执行下去，以致最终导致状态的变更或者返回一个值。

通常一个状态机依附于一个类，并且描述该类的实例(即对象)对接收到的事件的响应。

除此之外，状态机还可以依附用例、操作等，用于描述它们的动态执行过程。在依附某个类的状态机中，总是将对象孤立地从系统中抽象出来进行观察，而将来自外部的影响都抽象为事件。

在 UML 中，状态机常用于对模型元素的动态行为进行建模，更具体地说就是对系统行为中受事件驱动的方面进行建模。不过状态机总是一个对象、协作或用例的局部视图。由于它考虑问题时将实体与外部世界相互分离，所以适合对局部、细节进行建模。

8.2　状态图概述

一个状态图本质上就是一个状态机，或者是状态机的特殊情况，它本质上是一个状态机中的元素的投影，这也就意味着状态图包括状态机的所有特征。状态图主要用来描述一个特定对象的所有可能状态以及由于各种事件的发生而引起状态之间的转换。通过状态图可以知道一个对象、子系统、系统的各种状态及其收到的消息对其状态的影响。通常创建一个 UML 状态图是为了研究类、角色、子系统或构件的复杂行为。

状态图适合描述跨越多个用例的单个对象的行为，而不适合描述多个对象之间的行为协作。状态图描述从状态到状态的控制流，适合对系统的动态行为建模。在 UML 中，对系统动态行为建模时，除了使用状态图，还可以使用序列图、协作图和活动图，但这四种图存在着以下重要差别：

(1)序列图和协作图用于对共同完成某些对象群体进行建模；

(2)状态图和活动图用于对单个对象(可以是类、用例或整个系统的实例)的生命周期建模。

在 UML 中，状态图由表示状态的节点和表示状态之间转换的带箭头的直线组成。状态的转换由事件触发，状态和状态之间由转换箭头连接。每一个状态图都有一个初始状态(实心圆)，表示状态机的开始，还有一个终止状态(半实心圆)，表示状态机的终止。状态图主要由元素状态、转换、初始状态、终止状态和判定等组成，图 8-1 是一个简单的状态图的示例。

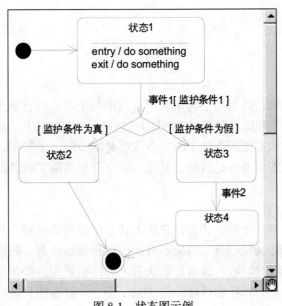

图 8-1　状态图示例

8.3　状态图组成要素及表示方法

本节将对状态图的组成要素：状态、转换、判定、同步、事件等进行详细介绍。

8.3.1　状态

状态用于对实体在其生命周期中的各种状况进行建模，一个实体总是在有限的一段时间内保持一个状态。因为状态图中的状态一般是给定类的对象的一组属性值，并且这组属性值对所发生的事件具有相同性质的反应，所以处于相同状态的对象对同一事件的反应方式往往是一样的，当给定状态下的多个对象接受到相同事件时会执行相同的动作。但是如果对象处于不同状态，会通过不同的动作对同一事件做出不同的反应。

注意，不是任何一个状态都是值得关注的。在系统建模时只关注那些明显影响对象行为的属性，以及由它们表达的对象状态。对于那些对对象行为没有什么影响额度的状态可以忽略。

状态可以分为简单状态和组成状态。简单状态指不包含其他状态的状态，简单状态没有子结构，但是它可以具有内部转换、进入动作、退出动作等。UML 还定义了两种特别的状态，即初始状态和终止状态。

状态由一个带圆角的矩形表示，状态名位于矩形中。另外，还可以在状态上添加入口和出口动作、内部转换和嵌套状态。如图 8-2 所示，演示了简单状态、初始状态、终止状态、带有动作的状态。

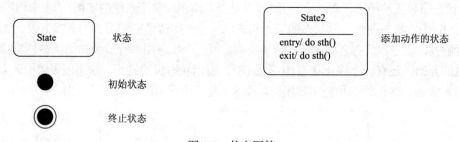

图 8-2　状态图符

1. 状态名

状态名指状态的名称，通常用字符串表示，其中每个单词的首字母大写。状态名可以包含任意数量的字母、数字和除冒号"："以外的一些符号，可以较长，连续几行。但是一定要注意一个状态的名称在状态图所在的上下文中应该是唯一的，能够把该状态和其他状态区分开。在实际使用中，状态名通常是直观、易懂、能充分表达语义的名词短语。

2. 初始状态

每个状态图都应该有一个初始状态，它代表状态图的起始位置。初始状态是一个伪状态（一个和普通状态有连接的假状态），对象不可能保持在初始状态，必须要有一个输出的无触发转换（没有事件触发器的转换）。通常初始状态上的转换是无监护条件的，并且初始状态只能作为转换的源，不能作为转换的目标。在 UML 中一个状态图只能有一个初始状态，用一个实心的圆表示。

3. 终止状态

终止状态是一个状态图的终点，一个状态图可以拥有一个或者多个终止状态。对象可以保持在终止状态，但是终止状态不可能有任何形式的触发转换，它就是为了激发封装状态上的完成转换。因此终止状态只能作为转换的目标而不能作为转换的源，在 UML 中终止状态用一个含有实心圆的空心圆表示。

需要注意的是，对于一些特殊的状态图，可以没有终止状态，图 8-3 为一部电话的状态图，在这个状态图中没有终止状态。因为不管在什么情况下，电话的状态都是在"空闲"和"忙"之间转换。

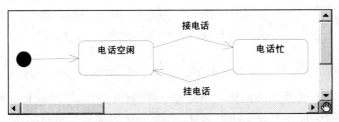

图 8-3 没有终止状态的状态图

4. 入口动作和出口动作

一个状态可以有或者没有入口和出口动作。入口和出口动作分别指进入和退出一个状态时所执行的"边界"动作。这些动作的目的是封装这个状态，这样就可以不必知道状态的内部状态而在外部使用它。入口动作和出口动作原则上依附进入和退出的转换，但是将它们声明为特殊的动作可以使状态的定义不依赖状态的转换，从而起到封装的作用。

当进入状态时，进入动作被执行，它在任何附加在进入转换上的动作之后而在任何状态的内部活动之前执行。入口动作通常用来进行状态所需要的内部初始化。因为不能回避一个入口动作，任何状态内的动作在执行前都可以假定状态的初始化工作已经完成，不需要考虑如何进入这个状态。

状态退出时执行退出动作，它在任何内部活动完成之后而在任何离开转换的动作之前执行。无论何时从一个状态离开都要执行一个出口动作进行处理工作。当出现代表错误情况的高层转换使嵌套状态异常终止时，出口动作特别有用。出口动作可以处理这种情况以使对象的状态保持前后一致。

如图 8-4 所示，在登录系统中，输入密码之前，需要将密码输入框内文本重置清空，输入密码之后需要进行密码验证，也就是说，对象在输入密码状态中，入口动作是清空文本框；出口动作是验证密码。语法形式：entry/入口动作；exit/出口动作。

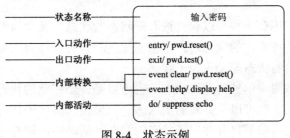

图 8-4 状态示例

5. 自转换

图 8-5　自转换

建模时对象会收到一个事件，该事件不会改变对象的状态，却会导致状态的中断，这种事件称为自转换，它打断当前状态下的所有活动，使对象退出当前状态，然后又返回该状态。自转换标记符使用一种歪曲的开放箭头，指向状态本身。图 8-5 显示了自转换的使用方法。

自转换在作用时首先将当前状态下正在执行的动作全部中止，然后执行该状态的出口动作，接着执行引起转换事件的相关动作，图 8-5 中执行 ChangeInfo() 动作。紧接着返回该状态，开始执行该状态的入口动作和出口动作。

6. 内部转换

内部转换是指在不离开状态的情况下处理一些事件。内部转换只有源状态而没有目标状态，所以内部转换的结果并不改变状态本身。如果一个内部转换带有动作，动作也要被执行，但由于没有状态改变发生，因此不需要执行入口动作和出口动作。

内部转换和自转换不同，自转换从一个状态到同一个状态的外部转换发生，结果会执行所有嵌在具有自转换的状态里的退出动作。在转向当前状态的自转换上，动作被执行，退出后重新进入。如果当前状态的闭合状态的自转换激发，那结束状态就是闭合状态，而不是当前状态。换句话说，自转换可以强制从嵌套状态退出，但是内部转换不能。

当状态向自身转换时，就可以用到内部转换。如图 8-4 所示，在不离开输入密码状态下清除已输入内容时，可以使用内部转换。语法形式：事件名 参数列表 监护条件/动作表达式。

内部转换和自转换，虽然两者都不改变状态本身，但有着本质区别。自转换会触发入口动作和出口动作，而内部转换不会。

7. 内部活动

内部活动指对象处于状态时一直执行的动作，直到被一个事件中断。当状态进入时活动在进入动作完成后就开始。如果活动结束，状态就完成，然后一个从这个状态出发的转换被触发，否则状态等待触发转换以引起状态本身的改变。如果在活动正在执行时转换触发，那么活动被迫结束并且退出动作被执行。如图 8-4 所示，在输入密码状态中，希望不要将密码显示在屏幕上，使用 suppress echo 活动。语法形式：do/活动表达式。

8. 组成状态

在简单状态之外，还有一种可以包含嵌套子状态的状态，又称为组成状态。在复杂的应用中，当状态图处于某种特定的状态时，状态图描述的该对象行为仍可以用另一个状态图描述，用于描述对象行为的状态图又称为子状态。

子状态可以是状态图中单独的普通状态，也可以是一个完整的状态图。组成状态中的子状态可以是顺序子状态，也可以是并发的子状态。如果包含顺序子状态的状态是活动的，则只有该子状态是活动的；如果包含并发子状态的状态是活动的，则与它正交的所有子状态都是活动的。

1) 顺序组成状态

如果一个组成状态的子状态对应的对象在其生命周期内的任何时刻都只能处于一个子状态，也就是说状态图中多个子状态是互斥的，不能同时存在，这种组成状态称为顺序组成状态。在顺序组成状态中最多只能有一个初态和一个终态。

当状态图通过转换从某种状态转入组合状态时，该转换的目的可能是组成状态本身，也可能是这个组成状态的子状态。如果是组成状态本身，先执行组合状态的入口动作，然后子状态进入初始状态并以此为起点开始运行；如果转换的目的是组合状态的某一子状态，那么先执行组合状态的入口动作，然后以目标子状态为起点开始运行。

如图 8-6 所示，一个行驶中的汽车，其"向前"和"向后"运动两个状态必须在前一个状态完成之后才能进行下一个状态，不可能同时进行。

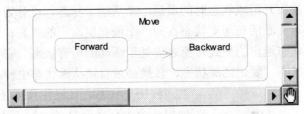

图 8-6　顺序组成状态

2) 并发组成状态

有时组成状态有两个或多个并发的子状态，此时称该组成状态为并发组成状态。并发组成状态能说明很多事情发生在同一时刻，为了分离不同的活动，组成状态被分解成区域，每个区域都包含一个不同的状态图，各个状态图在同一时刻分别运行。

如果并发组成状态中有一个子状态比其他并发子状态先到达它的终态，那么先到的子状态的控制流将在它的终态等待，直到所有的子状态都到达终点。此时，所有子状态的控制流汇合成一个控制流，转换到下一个状态。图 8-7 演示了一个并发组成状态的实例。

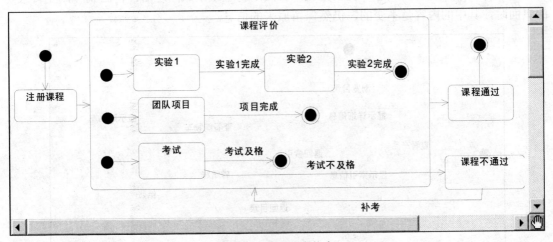

图 8-7　并发组成状态

从图中可以看到，子状态中有三个并发子状态。转换进入组成状态时控制流被分解成与并发子状态数目相同的并发流。在同一时刻三个并发子状态分别根据事件及监护条件触发转换。

3）历史状态

组成状态可能包含历史状态（History State），历史状态本身是个伪状态，用来说明组成状态曾经有的子状态。

一般情况下，当状态机通过转换进入组成状态嵌套的子状态时，被嵌套的子状态要从子初始状态进行。但是如果一个被继承的转换引起从复合状态的自动退出，状态会记住当强制性退出发生的时候处于活动的状态。这种情况下就可以直接进入上次离开组成状态时的最后一个子状态，而不必从它的子初始状态开始执行。

历史状态可以有来自外部状态或者初始状态的转换，也可以有一个没有监护条件的触发完成转换；转换的目标是默认的历史状态。如果状态区域从来没有进入或者已经退出，到历史状态的转换会到达默认的历史状态。

历史状态代表上次离开组成状态时的最后一个活动子状态，可分为浅历史状态和深历史状态：浅历史状态保存并激活与历史状态在同一个嵌套层次上的状态；深历史状态保存在最后一个引起封装组成状态退出的显式转换之前处于活动的所有状态。它可能包含嵌套在组成状态里的任何深度的状态。要记忆深状态，转换必须直接从深状态中转出。

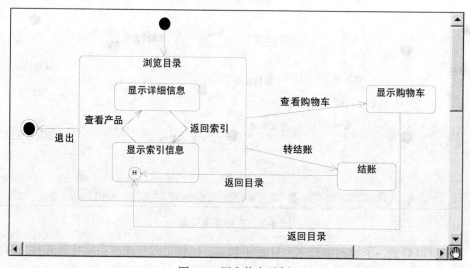

H   H*

浅历史状态   深历史状态

图 8-8　两种历史状态

浅历史状态，只记住直接嵌套的状态机的历史，使用一个含有字母 H 的小圆圈表示；深历史状态，会在任何深度上记住最深的嵌套状态，使用内部含有 H* 的小圆圈表示，如图 8-8 所示。

如果一个转换先从深状态转换到一个浅状态，并由浅状态转出组成状态，记忆的将是浅状态的转换。

如果组成状态进入终态，则它将丢弃所有保存的历史状态。一个组成状态最多只有一种历史状态，每个状态可能有它自己的默认历史状态。

如图 8-9 所示，当从状态"结账"和"显示购物车"返回子状态"显示索引信息"时，将进入的是离开时的历史状态。也就是说，转到购物车或结账区之后，再回到"浏览目录"的页面时，其中的内容是不变的，仍然保留原来的信息。

浏览目录

显示详细信息

查看产品　　退出　　返回索引　　查看购物车　　显示购物车

显示索引信息　　转结账　　结账

H　　返回目录

返回目录

图 8-9　历史状态示例

历史状态虽然有它的优点，但是它过于复杂，而且不是一种好的实现机制，尤其是深历史状态更容易出问题。在建模的过程中应该尽量避免历史机制，使用更易于实现的机制。

8.3.2 转换

转换用于表示一个状态机的两个状态之间的一种关系，即一个在某初始状态的对象通过执行指定的动作并符合一定的条件下进入第二种状态。在这个状态的变化中，转换被称为激发。在激发之前的状态叫做源状态，在激发之后的状态叫做目标状态。简单转换只有一个源状态和一个目标状态。复杂转换有不止一个源状态和不止一个目标状态。

一个转换通常由源状态、目标状态、事件触发器、监护条件和动作组成。在转换中，这五部分信息并不一定都同时存在，有一些可能会缺少。语法形式如下。

转换名：事件名 参数列表 监护条件/动作列表

1. 外部转换

外部转换是一种改变状态的转换，也是最普通、最常见的一种转换。在 UML 中它用从源状态到目标状态的带箭头的线段表示，其他属性用文字串附加在箭头旁，如图 8-10 所示。

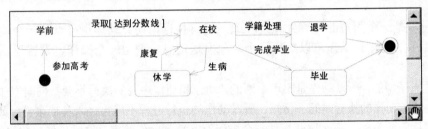

图 8-10　外部转换

注意，只有内部状态上没有转换时外部状态上的转换才有资格激发，否则外部转换会被内部转换掩盖。

2. 内部转换

内部转换只有源状态，没有目标状态，不会激发入口和出口动作，因此内部转换激发的结果不改变本来的状态。如果一个内部转换带有动作，它也要被执行。内部转换常用于对不改变状态的插入动作建立模型。需要注意的是内部转换的激发可能会掩盖使用相同事件的外部转换。

内部转换的表示法与入口动作和出口动作的表示法很相似。它们的区别主要是入口和出口动作使用了保留字 entry 和 exit，其他部分两者的表示法相同。

3. 监护条件

转换可能具有一个监护条件，监护条件是一个布尔表达式，它是触发转换必须满足的条件。当一个触发器事件被触发时，监护条件被赋值。如果表达式的值为真，转换可以激发；如果表达式的值为假，转换不能激发；如果没有转换适合激发，事件会被忽略，这种情况并非错误。如果转换没有监护条件，监护条件就被认为是真，而且一旦触发器事件发生，转换就激活。从一个状态引出的多个转换可以有同样的触发器事件。若此事件发生，所有监护条件都被测试，测试的结果如果有超过一个的值为真，也只有一个转换会激发。如果没有给定优先权，则选择哪个转换来激发是不确定的。

注意监护条件的值只在事件被处理时计算一次。如果其值开始为假，以后又为真，则因为赋值太迟转换不会被激发。除非又有另一个事件发生，且令这次的监护条件为真。监护条件的设置一定要考虑各种情况，要确保一个触发器事件的发生能够引起某些转换。如果某些情况没有考虑，很可能一个触发器事件不引起任何转换，那么在状态图中将忽略这个事件。

4. 触发器事件

触发器事件就是能够引起状态转换的事件。如果此事件有参数，则这些参数可以被转换所用，也可以被监护条件和动作的表达式所用。触发器事件可以是信号、调用和时间段等。

对应于触发器事件，没有明确的触发器事件的转换称为结束转换(或无触发器转换)，是在结束时被状态中的任一内部活动隐式触发的。

注意，当一个对象接收到一个事件的时候，如果它没有时间处理事件，就将事件保存。如果有两个事件同时发生，对象每次只处理一个事件，两个事件并不会同时被处理，并且在处理事件的时候转换必须激活。另外，要完成转换必须满足监护条件，如果完成转换的时候监护条件不成立，则隐含的完成事件被消耗掉，并且以后即使监护条件再成立，转换也不会被激发。

5. 动作

动作通常是一个简短的计算处理过程或一组可执行语句。动作也可以是一个动作序列，即一系列简单的动作。动作可以给另一个对象发送消息、调用一个操作、设置返回值、创建和销毁对象。

动作是原子型的，所以动作是不可中断的，动作和动作序列的执行不会被同时发生的其他动作影响或终止。动作的执行时间非常短，所以动作的执行过程不能再插入其他事件。如果在动作的执行期间接收到事件，那么这些事件都会被保存，直到动作结束，这时事件一般已经获得值。

整个系统可以在同一时间执行多个动作，但是动作的执行应该是独立的。一旦动作开始执行，它必须执行到底，并且不能与同时处于活动状态的其他动作发生交互作用。动作不能用于表达处理过程很长的事物。与系统处理外部事件所需的时间相比，动作的执行过程应该很简洁，以使系统的反应时间不会减少，做到实时响应。

动作可以附属转换，当转换被激发时动作被执行。它们还可以作为状态的入口动作和出口动作出现，由进入或离开状态的转换触发。活动不同于动作，它可以有内部结构，并且活动可以被外部事件的转换中断，所以活动只能附属于状态中，而不能附属于转换。

动作的种类如表 8-1 所示。

表 8-1 动作的种类

动作种类	描述	语法
赋值	对一个变量赋值	Target：=expression
调用	调用对目标对象的一个操作，等待操作执行结束，并且可能有一个返回值	Opname(arg, arg)
创建	创建一个新对象	New Cname(arg, arg)
销毁	销毁一个对象	object.destroy()
返回	为调用者制定返回值	return value
发送	创建一个信号实例并将其发送到目标对象或者一组目标对象	sname(arg, arg)
终止	对象的自我销毁	Terminate
不可中断	用语言说明的动作，如条件和迭代	[语言说明]

8.3.3　判定

判定表示一个事件依据不同的监护条件有不同的影响。在实际建模的过程中，如果遇到需要使用判定的情况，通常用监护条件覆盖每种可能，使得一个事件的发生能保证触发一个转换。判定将转换路径分为多个部分，每一个部分都是一个分支，都有单独的监护条件。这样几个共享同一触发器事件却有着不同监护条件的转换能够在模型中被分在同一组中，以避免监护条件的相同部分重复。

判定在活动图和状态图中都有很重要的作用。转换路径因为判定而分为多个分支，可以将一个分支的输出部分与另外一个分支的输入部分连接而组成一棵树，树的每个路径代表一个不同的转换。树为建模提供了很大方便。在活动图中判定可以覆盖所有的可能，保证一些转换被激发，否则活动图就会因为输出转换不再重新激发而被冻结。

通常情况下判定有一个转入和两个转出，根据监护条件的真假可以触发不同的分支转换，如图 8-11 所示。使用判定仅是一种表示上的方便，不会影响转换的语义，图 8-12 为没有使用判定的情况。

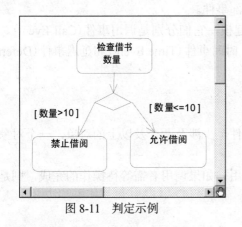

图 8-11　判定示例

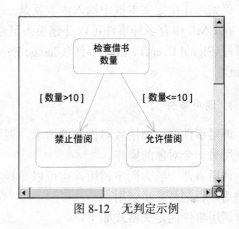

图 8-12　无判定示例

8.3.4　同步

同步是为了说明并发工作流的分支与汇合。状态图和活动图中都可能用到同步。在 UML 中同步用一条黑色的粗线表示，图 8-13 显示了使用同步条的状态图。

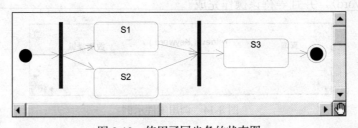

图 8-13　使用了同步条的状态图

并发分支表示把一个单独的工作流分成两个或者多个工作流，几个分支的工作流并行进行。并发汇合表示两个或者多个并发的工作流在此得到同步，这意味着先完成的工作流需要在此等待，直到所有的工作流到达后，才能继续执行以下的工作流。同步在转换激发后立即初始化，每个分支点之后都要有相应的汇合点。

在图 8-13 中从开始状态便将控制流划分为两个同步分别进入 S1 和 S2，两个控制流共同到达同步条时，两条控制流才汇合成一条控制流进入 S3，最后转换到终止状态。

需要注意同步与判定的区别。同步和判定都会造成工作流的分支，初学者很容易将两者混淆。它们的区别是：判定是根据监护条件使工作流分支，监护条件的取值最终只会触发一个分支的执行，如有分支 A 和分支 B，假设监护条件为真时执行分支 A，那么分支 B 就不可能执行。反之则执行分支 B，分支 A 就不可能执行。而同步的不同分支是并发执行，并不会因为一个分支的执行造成其他分支的中断。

8.3.5　事件

一个事件的发生能触发状态的转换，事件和转换总是相伴出现。事件既可以是内部事件，又可以是外部事件，可以是同步的，也可以是异步的。内部事件是指在系统内部对象之间传送的事件，例如，异常就是一个内部事件。外部事件是指在系统和它的参与者之间传送的事件，例如，在指定文本框中输入内容就是一个外部事件。

在 UML 中有多种事件可以让建模人员进行建模，它们分别是调用事件(Call Event)、信号事件(Signal Event)、改变事件(Change Event)、时间事件(Time Event)和延迟事件(Deferred Event)。

1. 调用事件

调用事件表示调用者对操作的请求，调用事件至少涉及两个及以上的对象，一个对象请求调用另一个对象的操作。

调用事件一般为同步调用，也可以是异步调用。如果调用者需等待操作的完成，则是同步调用，否则是异步调用。

调用事件的定义格式如下：

事件名(参数列表)

参数的格式如下：

参数名：类型表达式

如图 8-14 所示，转换上标出了一个调用事件，其名称为 retrieve，带有参数 Keyword。当在状态"查询"中发生调用事件 retrieve 时，则触发状态转换到"数据操纵"，要求执行操作 retrieve(Keyword)，并且等待该操作完成。

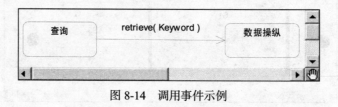

图 8-14　调用事件示例

2. 信号事件

信号是作为两个对象之间的通信媒介的命名的实体，信号的接收是信号接收对象的一个事件。发送对象明确地创建并初始化一个信号实例并把它发送到一个或一组对象。最基本的信号是异步单路通信，发送者不会等待接收者如何处理信号而是独立地做它自己的工作。在双路通信模型中，要用到多路信号，即至少要在每个方向上有一个信号。发送者和接受者可以是同一个对象。

信号可以在类图中声明为类元，并用构造型<<signal>>表示，信号的参数声明为属性。同类元一样，信号间可以有泛化关系，信号可以是其他信号的子信号，它们继承父信号的参数，并且可以触发依赖父信号的转换。

信号事件和调用事件的表示格式是一样的。

3. 改变事件

改变事件指依赖与特定属性值的布尔表达式所表示的条件满足时，事件发生改变。改变事件用关键字 when 标记，包含由一个布尔表达式指定的条件，事件没有参数。这种事件隐含一个对条件的连续的测试。当布尔表达式的值从假变到真时，事件就发生。要想事件再次发生，必须先将值变成假，否则，事件不会再发生。建模人员可以使用如 when(time=8：00)的表达式标记一个绝对的时间，也可以用如 when(number<100)的表达式对其进行连续测试。

改变事件的定义格式如下：

when(布尔表达式)/动作

要小心使用改变事件，因为它表示了一种具有事件持续性的并且可能是涉及全局的计算过程。它使修改系统潜在值和最终效果的活动之间的因果关系变得模糊。可能要花费很大的代价测试改变事件，因为原则上改变事件是持续不断的。因此，改变事件往往用于当一个具有更明确表达式的通信形式显得不自然时。

注意改变事件与监护条件的区别：监护条件只在引起转换的触发器事件触发时或者事件接受者对事件进行处理时被赋值一次。如果为假，那么转换不激发并且事件被遗失，条件也不会再被赋值。而改变事件隐含连续计算，因此可以对改变事件连续赋值，直到条件为真激发转换。

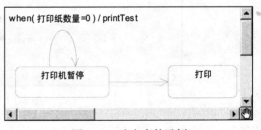

图 8-15 改变事件示例

如图 8-15 所示，"打印机暂停"状态有一个自转换，其上标出了改变事件的条件是"打印纸数量=0"，动作是 printTest。

4. 时间事件

时间事件是经过一定的时间或到达某个绝对时间后发生的事件，用关键字 after 标识，包含时间表达式，后跟动作。如果没有特别说明，表达式的开始时间是进入当前状态的时间。

时间事件的定义格式如下：

after(时间表达式)/动作

如图 8-16 所示，在"打印就绪"状态和"打印"状态之间的转换上列出了一个时间事件"after(2 seconds)/connectPrint"，说明若在"打印就绪"状态的时间达 2 秒钟就执行动作"connectPrint"，连接打印机，转换到"打印"状态。

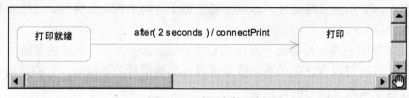

图 8-16　时间事件示例

5. 延迟事件

延迟事件是在本状态不处理、推迟或排队等到另外一个状态才处理的事件，用关键字 defer 标识。

延迟事件的定义格式如下：

延迟事件/defer

通常，在一个状态的生存期出现的事件，若不立即响应，就会丢失。这些未立即触发转换的事件，可以放入一个内部的延迟事件队列，直到它被需要或被撤销。如果一个转换依赖一个事件，而该事件已在内部的事件队列中，则立即触发该转换。如果存在多个转换，则在内部的延迟事件队列中的首个事件将优先触发相应的转换。

如图 8-17 的延迟事件是 Print/defer，在当前状态下不执行打印，而将打印事件放进队列中排队，要求延迟到后面的状态中再执行。

图 8-17　延迟事件示例

8.4　状态图建模及案例分析

下面介绍如何使用 Rational Rose 画出状态图。

8.4.1　创建状态图

在 Rational Rose 中可以为每个类创建一个或者多个状态图，类的转换和状态都可以在状态图中体现。首先，展开 Logic View 菜单项，然后在 Logic View 图标上单击鼠标右键，在弹出的快捷菜单中选择 New/Statechart Diagram 命令建立新的状态图。双击状态图图标，会出现状态图绘制区域，如图 8-18 所示。

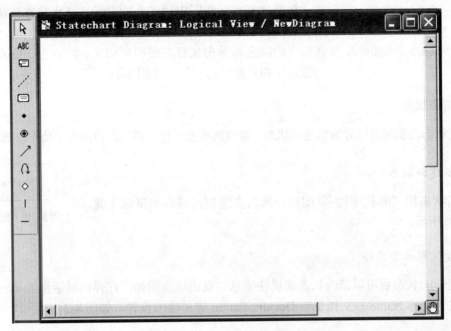

图 8-18　状态图绘制区域

在绘制区域的左侧为状态图工具栏，表 8-2 列出了状态图工具栏中各个按钮的图标、按钮的名称以及按钮的用途。

表 8-2　状态图工具栏

图标	按钮名称	用途
↖	Selection Tool	选择一个项目
ABC	Text Box	将文本框加入框图
▱	Note	添加注释
╱	Anchor Note to Item	将图中的注释、用例或角色相连
▭	State	添加状态
◆	Start State	初始状态
◉	End State	终止状态
↗	State Transition	状态之间的转换
↺	Transition to self	状态的自转换
◇	Decision	判定

8.4.2　创建初始和终止状态

初始状态和终止状态是状态图中的两个特殊状态。初始状态代表状态图的起点，终止状态代表状态图的终点。对象不可能保持在初始状态，但是可以保持在终止状态。

初始状态在状态图中用实心圆表示，终止状态在状态图中用含有实心圆的空心圆表示。单击状态图工具栏中的•图标，然后在绘制区域单击鼠标左键即可创建初始状态。终止状态的创建方法和初始状态相同，如图 8-19 所示。

图 8-19　创建初始和终止状态

8.4.3　创建状态

创建状态的步骤可以分为创建新状态、修改新状态名称、增加入口和出口动作、增加活动。

1. 创建新状态

单击状态图工具栏中的◻图标，然后在绘制区域单击鼠标左键，如图 8-20 所示。

图 8-20　创建新状态

2. 修改新状态名称

创建新的状态后可以修改状态的属性信息。双击状态图标，在弹出对话框的 General 选项卡里进行名称 Name 和文档说明 Documentation 等属性的设置，如图 8-21 所示。

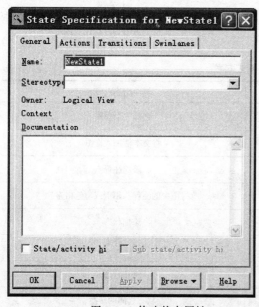

图 8-21　修改状态属性

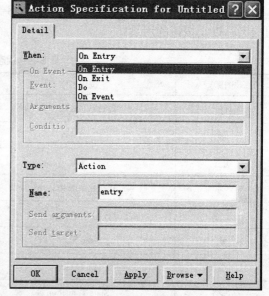

图 8-22　创建入口动作

3. 增加入口和出口动作

状态的入口动作和出口动作是为了表达状态，这样就可以不必知道状态的内部状态而在外部使用它。入口动作在对象进入某个状态时发生，出口动作在对象退出某个状态时发生。

要创建入口动作，首先需要在状态属性设置对话框中打开 Actions 选项卡，在空白处单击鼠标右键，在弹出的快捷菜单中选择 Insert 命令，双击出现的动作类型 Entry，在弹出对话框的 When 下拉列表中选择 On Entry 选项，在 Name 文本框中添加动作的名称，如图 8-22 所示。

单击 OK 按钮，退出此对话框，然后单击属性设置对话框的 OK 按钮，至此状态图的入口动作就创建好了，效果如图 8-23 所示。

出口动作的创建方法和入口动作类似，区别是在 When 下拉列表中选择 On Exit 选项，效果如图 8-24 所示。

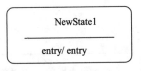

图 8-23　入口动作示意图

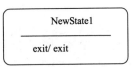

图 8-24　出口动作示意图

4. 增加活动

活动是对象在特定状态时执行的行为，是可以中断的。增加活动与增加入口动作和出口动作类似，区别是在 When 下拉列表中选择 Do 选项。效果如图 8-25 所示。

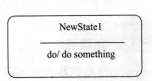

图 8-25　活动示意图

8.4.4　创建状态之间的转换

转换是两个状态之间的一种关系，代表了一种状态到另一种状态的过渡，在 UML 中转换用一条带箭头的直线表示。

要增加转换，首先需要用鼠标左键单击状态工具栏中的 ↗ 图标，然后单击转换的源状态，接着向目标状态拖动一条直线，效果如图 8-26 所示。

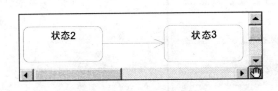

图 8-26　状态之间的转换

8.4.5　创建事件

一个事件可以触发状态的转换。如果想要增加事件，可先双击转换图标，在弹出对话框的 General 选项卡里增加事件，如图 8-27 所示。

在 Event 文本框中添加触发转换的事件，在 Arguments 文本框中添加事件的参数，还可以在 Documentation 列表框中添加对事件的描述。添加后的效果如图 8-28 所示。

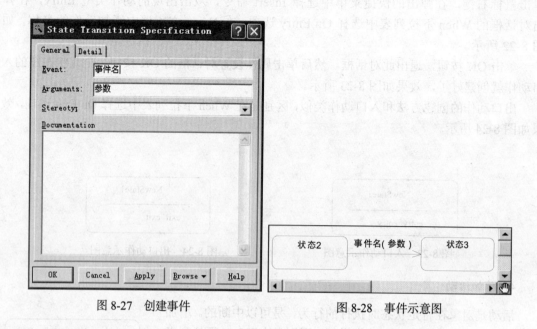

图 8-27　创建事件　　　　　　　　　　　　图 8-28　事件示意图

8.4.6　创建动作

动作是可执行的原子计算，它不会从外界中断。动作可以附属于转换，当转换激发时动作被执行。

欲创建新的动作，需要先双击转换的图标，在弹出的对话框中打开 Detail 选项卡，在 Action 文本框中添加要发生的动作，如图 8-29 所示。

图 8-29　创建动作

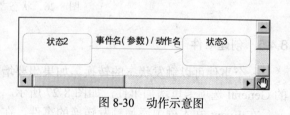

图 8-30　动作示意图

图 8-30 为增加动作和事件后的效果图。

8.4.7 创建监护条件

监护条件是一个布尔表达式，它将控制转换是否能够发生。

欲添加监护条件，需要先双击转换的图标，在弹出的对话框中打开 Detail 选项卡，在 Guard Condition 文本框中添加监护条件。可以参考添加动作的方法添加监护条件。图 8-31 为添加动作、事件、监护条件后的效果图。

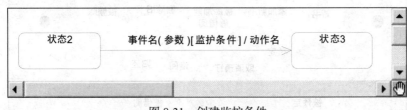

图 8-31　创建监护条件

下面以图书管理系统为例，介绍如何创建系统的状态图。

建模状态图可以按照以下步骤进行：

(1) 标识出建模实体。

(2) 标识出实体的各种状态。

(3) 创建相关事件并创建状态图。

上述步骤涉及多个实体，但要注意一个状态图只代表一个实体。一般情况下，一个完整的系统往往包含很多的类和对象，这就需要创建几个状态图来进行描述。

1. 标识建模实体

一般不需要给所有的类都创建状态图，只有具有重要动态行为的类才需要。状态图应用于复杂的实体，而不应用于具有复杂行为的实体。对于具有复杂行为或操作的实体，使用活动图更加适合。具有清晰、有序的状态实体最适合使用状态图进一步建模。

在图书管理系统中，有明确状态转换的实体包括图书、借阅者。

2. 标识实体的各种状态

图书包含以下的状态：刚被购买后的新书、被添加能够借阅时的图书、图书被预定、图书被借阅、图书被管理员删除。

借阅者包含以下的状态：创建借阅者账户、借阅者能够借阅图书、借阅者不能够借阅图书、借阅者被管理员删除。

3. 标识相关事件并创建状态图

首先要找出相关的事件和转换。

对于图书刚购买的新书可以通过系统管理员添加为能够被借阅的图书。图书被预定转换为被预定状态。当被预定的图书超过预定期限或者被借阅者取消预定时，转换为能够被借阅的图书状态。被预定的图书可以被预定的借阅者借阅。图书被借阅后转换为被借阅状态。图书被借阅并归还后转换为能够借阅状态。图书被删除时转换为被删除状态。在这个过程中的主要事件有添加新书、删除旧书、借阅、归还、预定、取消预订等。图 8-32 为图书的状态图。

对于借阅者，借阅者通过创建借阅者账户转换为能够借阅图书的借阅者。当借阅者借阅图书的数目超过一定限额时，不能够借阅图书。当借阅者处于不能够借阅图书时，借阅者归还借阅图书，转换为能够借阅状态。借阅者能够借阅一定数目的图书。借阅者能够被系统管理员删除。在这个过程中的主要事件有借阅、归还、删除借阅者等。图 8-33 为借阅者的状态图。

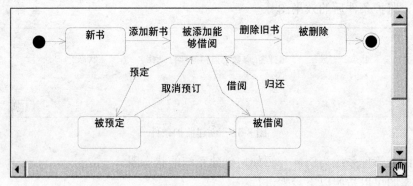

图 8-32　图书状态图

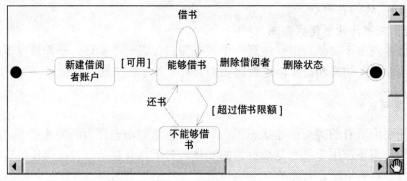

图 8-33　借阅者状态图

8.5　总　结

状态图用于描述一个对象在其生命周期中存在哪些状态，以及对象如何从一种状态转换到另一种状态。状态图的主要组成元素有状态、转换、初始状态、终止状态和判定。创建状态图的重要步骤为标识建模实体、标识实体的各种状态、标识相关事件并创建状态图。

状态图在检查、调试动态行为时非常有用，它可以帮助开发人员编制类。

UML 的动态建模机制共有五种：用例图、协作图、序列图、活动图和状态图。这五种动态建模机制从不同的侧面对系统的动态机制进行建模，每一种图都有各自擅长描述的方面，也有不足。因此在实际的系统建模中，往往需要五种图形或者其中的几种共同协作才能描述清楚整个系统的动态机制。

状态图中的很多概念在活动图中都有应用，所以学好状态图也有利于继续学习活动图。

习 题

1. 填空题

(1)在 UML 中，状态机由对象的各个状态和连接这些状态的_____组成，是展示状态与状态转换的图。

(2)_____通常会引起状态的变迁，促使状态机从一种状态切换到另一种状态。

(3)状态分为_____和_____。

(4)_____本身是个伪状态，用来说明组成状态曾经有的子状态。

(5)_____转换只有源状态没有目标状态，转换的结果不改变状态本身。

2. 选择题

(1)下面不是状态图组成要素的是（　　）。

A. 状态　　　　　　　B. 转换　　　　　　C. 事件　　　　　　D. 链

(2)事件可以分成（　　）。

A. 信号事件　　　　　B. 调用事件　　　　C. 改变事件　　　　D. 时间事件

(3)如图一个组成状态的多个子状态之间是互斥的，不能同时存在，那么这种组成状态称为（　　）组成状态。

A. 顺序　　　　　　　B. 并发　　　　　　C. 历史　　　　　　D. 同步

(4)以下说法不正确的是（　　）。

A. 状态图通过建立类对象的生命周期模型描述对象随时间变化的动态行为

B. 状态图适用于描述状态和动作的顺序，不仅可以展现一个对象拥有的状态，还可以说明事件如何随着时间的推移影响这些状态

C. 状态图用于描述模型元素的实例（如对象或交互）的行为

D. 状态图用于对系统的静态方面建模

(5)以下说法不正确的是（　　）。

A. 内部转换不触发入口动作和出口动作的执行

B. 简单状态不包含其他状态，但可以有内部转换、入口动作和出口动作等

C. 浅历史状态保存最后一个引起封装组成状态退出的显示转换之前处于活动的所有状态

D. 自转换可以强制从嵌套状态退出

3. 简答题

(1)什么是状态机？什么是状态图？

(2)状态图的组成要素有哪些？

(3)简述简单状态和组成状态的区别。

(4)简述顺序组成状态和并发组成状态的区别。

4. 练习题

(1)IC 卡电话机有三个基本状态："休闲"、"维修"和"活动"。插入 IC 卡，提起听筒后，IC 卡电话机转换到"活动"状态。此时，首先对 IC 卡进行有效性检验，即进入"验卡"状态。若验卡成功，转换到"拨号"状态，拨入电话号码。若线路拨通，则转换到"通话"状态，进行通话。通话结束后，挂断电话，转换到"挂断"状态。如果此时重新拨号，则继续转换到"拨号"状态；如果此时取出 IC 卡，结束使用电话，则由"活动"状态转换到"休闲"状态。根据以上描述，画出 IC 卡电话机的状态图。（提示："活动"状态可使用顺序组成状态。）

(2)UNIX 操作系统中一个进程有四个状态："用户运行"、"内核运行"、"就绪"和"休眠"。当一个进程处于"用户运行"状态时，若发生了"系统调用或中断"事件，便转换到"内核运行"状态，执行操作系统内部的中断程序。如果正常完成，则触发"返回"事件，转回"用户运行"状态；如果又发生了"中断或中断返回"事件，则转换到一个新的"内核运行"状态，执行所需的中断程序，或返回到原"内核运行"状态；如果发生了"休眠"事件，则转换到"休眠"状态。处于"休眠"状态时，如果执行"唤醒"事件，则转换到"就绪"状态。如果执行"调度"事件，则从"就绪"状态转换到"内核运行"状态。根据以上描述，画出 UNIX 进程的状态图。

第 9 章 活 动 图

活动图(Activity Diagram)是 UML 的五种动态建模机制之一。活动图实质上也是一种流程图，只是表现从一个活动到另一个活动的控制流。活动图描述活动的序列，并且支持带条件的行为和并发行为的表达。

活动图并不像其他建模机制一样直接来源于 UML 的三位发明人，而是融合了 Jim Odell 的事件流图、Petri 网和 SDL 状态建模等技术，用来在面向对象系统的不同组件之间建模工作流和并发的处理行为。例如，可以使用活动图描述某个用例的基本操作流程。

活动图的主要作用就是描述工作流，其中每个活动都代表工作流中一组动作的执行。活动图可用来为不同类型的工作流建模，一个工作流是能产生一个可观测值或在执行时生成的一个实体的动作序列。使用活动图能够演示出系统中哪些地方存在功能，以及这些功能和系统中其他组件的功能如何共同满足前面使用用例图建模的商务需求。本章将详细介绍活动图的相关知识，并对活动图的各种符号表示以及应用进行讨论。

9.1　基于活动的系统行为建模

活动图是一种用于描述系统行为的模型视图，它可用来描述动作和动作导致对象状态改变的结果，而不用考虑引发状态改变的事件。通常，活动图记录单个操作或方法的逻辑、单个用例或商业过程的逻辑流程。活动图允许读者了解系统的执行，以及如何根据不同的条件和触发改变执行方向。因此，活动图可以为用例建模工作流，更可以理解为用例图具体的细化。在使用活动图为一个工作流建模时，一般采用以下步骤。

(1)识别该工作流的目标。也就是该工作流结束时触发什么？应该实现什么目标？

(2)利用一个开始状态和一个终止状态分别描述该工作流的前置状态和后置状态。

(3)定义和识别出实现该工作流的目录所需的所有活动和状态，并按逻辑顺序将它们放置在活动图中。

(4)定义并画出活动图创建或修改的所有对象，并用对象流将这些对象和活动连接。

(5)通过泳道定义谁负责执行活动图中相应的活动和状态,命名泳道并将合适的活动和状态置于每个泳道中。

(6)用转换将活动图上的所有元素连接。

(7)在需要将某个工作流划分为可选流的地方放置判定框。

(8)查看活动图是否有并行的工作流。如果有，就用同步表示分叉和结合。

9.2　活动图概述

活动图是描述达到一个目标所实施一系列活动的过程，描述了系统的动态特征。

活动图和传统的流程图相似，流程图所能表达的内容，在大多数情况下活动图也可以表达。不过二者之间还是有明显的区别：首先，活动图是面向对象的，而流程图是面向过程的；

其次，活动图不仅能够表达顺序流程控制，还能够表达并发流程控制。

活动图和状态图的主要区别：状态图侧重从行为的结果描述，以状态为中心；活动图侧重从行为的动作描述，以活动为中心。活动图为一个过程中的活动序列建模，而状态图为对象生命周期中的各状态建模。

在 UML 中，活动的起点描述活动图的开始状态，用黑的实心圆表示。活动的终止点描述活动图的终止状态，用一个含有实心圆的空心圆表示。活动图中的活动既可以是手动执行的任务，也可以是自动执行的任务，用圆角矩形表示。状态图中的状态也用矩形表示，不过活动的矩形与状态的矩形相比更加柔和，更加接近椭圆。活动图中的转换用于描述一个活动转向另一个活动，用带箭头的实线段表示，箭头指向转向的活动，可以在转换上用文字标识转换发生的条件。活动图中还包括分支与合并、分叉与汇合等模型元素。分支与合并的图标和状态图中判定的图标相同，分叉与汇合则用一条加粗的线段表示。图 9-1 为一个简单的活动图模型。

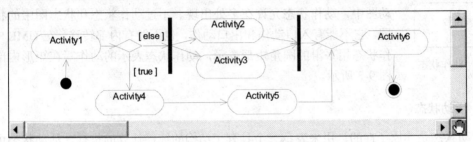

图 9-1　活动图示例

活动图是模型中的完整单元，表示一个程序或工作流，常为计算流程和工作流程建模。活动图着重描述了用例实例、对象的活动，以及操作实现中所完成的工作。活动图通常出现在设计的前期，即在所有实现决定前出现，特别是在对象被指定执行的所有活动前。

活动图的作用主要体现在以下几点。

(1)描述一个操作执行过程中所完成的工作，说明角色、工作流、组织和对象是如何工作的。

(2)活动图对用例描述尤其有用，它可建模用例的工作流、显示用例内部和用例之间的路径。它可以说明用例的实例是如何执行动作以及如何改变对象状态的。

(3)显示如何执行一组相关的动作，以及这些动作如何影响它们周围的对象。

(4)活动图对理解业务处理过程十分有用。活动图可以画工作流描述业务，有利于与领域专家进行交流。通过活动图可以明确业务处理操作是如何进行的，以及可能产生的变化。

(5)描述复杂过程的算法，在这种情况下使用的活动图和传统的程序流程图的功能是相似的。

注意，通常情况下，活动图假定在整个计算机处理的过程中没有外部事件引起中断，否则普通的状态图更适合描述此种情况。

9.3　活动图组成要素及表示方法

活动图包含的图形元素有动作状态、活动状态、组合活动、分叉与结合、分支与合并、泳道、对象流。

9.3.1 动作状态

动作状态(Action State)是原子性的动作或操作的执行状态,它不能被外部事件的转换中断。动作状态的原子性决定了动作状态要么不执行,要么就完全执行,不能中断,如发送一个信号、设置某个属性值等。动作状态不可以分解成更小的部分,它是构造活动图的最小单位。

从理论上讲,动作状态所占用的处理时间极短,甚至可以忽略不计。而实际上,它需要执行时间,但是时间要比可能发生事件需要的时间短得多。动作状态没有子结构、内部转换或内部活动,它不能包括事件触发的转换。动作状态可以有转入,转入可以是对象流或者动作流。动作状态通常有一个输出的完成转换,如果有监护条件也可以有多个输出的完成转换。

动作状态通常用于对工作流执行过程中的步骤进行建模。在一张活动图中,动作状态允许在多处出现。不过动作状态和状态图中的状态不同,它不能有入口动作和出口动作,也不能有内部转移。在 UML 中,动作状态用平滑的圆角矩形表示,动作状态表示的动作写在矩形内部,如图 9-2 所示。

图 9-2　动作状态

9.3.2 活动状态

活动状态是非原子性的,用来表示一个具有子结构的纯粹计算的执行。活动状态可以分解成其他子活动或动作状态,可以使转换离开状态的事件从外部中断。活动状态可以有内部转换、入口动作和出口动作。活动状态至少具有一个输出完成转换,当状态中的活动完成时该转换激发。

活动状态可以用另一个活动图描述自己的内部活动。

注意,活动状态是一个程序的执行过程的状态,而不是一个普通对象的状态。离开一个活动状态的转换通常不包括事件触发器。转换可以包括动作和监护条件,如果有多个监护条件赋值为真,那么将无法预料最终的选择结果。

动作状态是一种特殊的活动状态。可以把动作状态理解为一种原子的活动状态,即它只有一个入口动作,并且它活动时不会被转换中断。动作状态一般用于描述简短的操作,而活动状态用于描述持续事件或复杂性的计算。一般活动状态可以活动的时间长度是没有限制的。

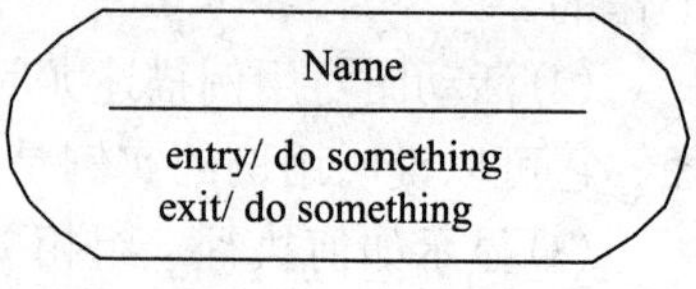

Name

entry/ do something
exit/ do something

图 9-3　活动状态

活动状态和动作状态的表示图标相同,都是平滑的圆角矩形。两者的区别是活动状态可以在图标中给出入口动作和出口动作等信息,如图 9-3 所示。

9.3.3 组合活动

组合活动是一种内嵌活动图的状态。把不含内嵌活动或动作的活动称为简单活动,把嵌套了若干活动或动作的活动称为组合活动。

一个组合活动从表面上看是一个状态,但其本质却是一组子活动的概括。一个组合活动可以分解为多个活动或者动作的组合。每个组合活动都有自己的名字和相应的子活动图。一旦进入组合活动,嵌套在其中的子活动图就开始执行;直到到达子活动图的最后一个状态,组合活动才结束。与一般的活动状态一样,组合活动不具备原子性,它可以在执行的过程中中断。

如果一些活动状态比较复杂，就会用到组合活动，如购物，当选购完商品后就需要付款。虽然付款只是一个活动状态，但是付款却可以包括不同的情况。对于会员，一般是打折后付款，而一般的顾客就要全额付款了。这样，在付款这个活动状态中就又内嵌了两个活动，所以付款活动状态就是一个组合活动。

使用组合活动可以在一幅图中展示所有的工作流程细节，但是如果所展示的工作流程较为复杂，就会使活动图难以理解，所以当流程复杂时也可将子图单独放在一个图中，然后让活动状态引用它。

图9-4是一个组合活动的示例。其中的活动"发货"是组合活动，它内嵌的活动"通宵发货"与"常规发货"是活动"发货"的子活动。在这里组合活动"发货"用一个子活动图表示，它有自己的初始状态、终止状态和判定分支。

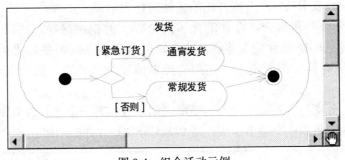

图 9-4　组合活动示例

9.3.4　分叉与结合

并发指的是在同一时间间隔内有两个或者两个以上的活动执行。对于一些复杂的大型系统，对象在运行时往往不只存在一个控制流，而是存在两个或者多个并发运行的控制流。

活动图用分叉和结合表达并发和同步行为。分叉表示将一个控制流分成两个或多个并发运行的分支，结合表示并行分支在此得到同步。

分叉用粗黑线表示。分叉具有一个输入转换、两个或者多个输出转换，每个转换都可以是独立的控制流。图9-5为一个简单的分叉示例。

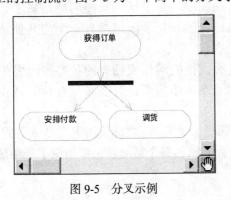

图 9-5　分叉示例

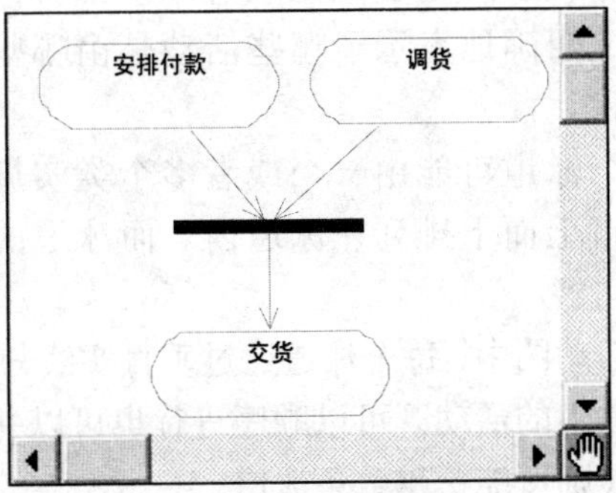

图 9-6　结合示例

结合与分叉相反，结合具有两个或者多个输入转换、一个输出转换。先完成的控制流需要在此等待；只有当所有的控制流都到达结合点时，控制才能继续向下进行。图 9-6 为一个简单的结合示例。

9.3.5　分支与合并

分支在活动图中很常见，它是转换的一部分，它将转换路径分成多个部分，每一部分都有单独的监护条件和不同的结果。当动作流遇到分支时，会根据监护条件(布尔值)的真假判定动作的流向。分支的每个路径的监护条件应该是互斥的，这样可以保证只有一条路径的转换激发。在活动图中离开一个活动状态的分支通常是完成转换，它们是在状态内活动完成时隐含触发的。需要注意的是，分支应该尽可能地包含所有的可能，否则可能会有一些转换无法激发。这样最终会因为输出转换不再重新激发而使活动图冻结。

合并指两个或者多个控制路径在此汇合的情况。合并是一种便利的表示法。合并和分支常常成对使用，合并表示从对应分支开始的条件的行为结束。

需要注意区分合并和结合。合并汇合了两个以上的控制路径，在任何执行中每次只走一条，不同路径之间是互斥的关系。而结合则汇合了两条或两条以上的并行控制路径。在执行过程中，所有路径都要走过，先到的控制流要等其他路径的控制流到达后才能继续运行。

在活动图中，分支与合并都用空心的菱形表示。分支有一个输入箭头和两个输出箭头，而合并有两个输入箭头和一个输出箭头。图 9-7 为分支与合并的示例。

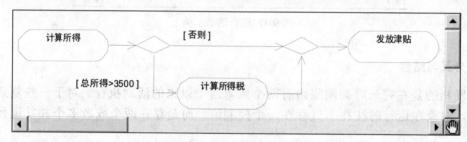

图 9-7　分支与合并示例

9.3.6　泳道

为了对活动的职责进行组织而在活动图中将活动状态分为不同的组，称为泳道(Swimlane)。每个泳道代表特定含义的状态职责部分。在活动图中，每个活动只能明确地属于一个泳道，泳道明确地表示了哪些活动是由哪些对象进行的。每个泳道都有一个与其他泳道不同的名称。

每个泳道可能由一个或者多个类实施，类所执行的动作或拥有的状态按照发生的事件顺序自上而下排列在泳道内。而泳道的排列顺序并不重要，只要布局合理、减少线条交叉即可。

在活动图中，每个泳道通过垂直实线与它的邻居泳道分离。在泳道的上方是泳道的名称，不同泳道中的活动既可以顺序进行也可以并发进行。虽然每个活动状态都指派了一条泳道，但是转移则可能跨越数条泳道。

图 9-8 为泳道示例图。

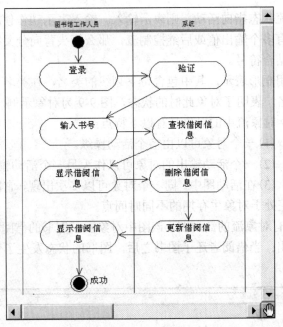

图 9-8 泳道示例

9.3.7 对象流

活动图中交互的简单元素是活动和对象,控制流(Control Flow)就是对活动和对象之间的关系的描述。控制流表示动作与其参与者和后继动作之间、动作与输入和输出对象之间的关系。而对象流就是一种特殊的控制流。

对象流(Object Flow)是将对象流状态作为输入或输出的控制流。在活动图中,对象流描述了动作状态或者活动状态与对象之间的关系,表示了动作使用对象以及动作对对象的影响。

对象流的几个重要概念如下:

(1)动作状态;

(2)活动状态;

(3)对象流状态。

前面已经介绍了动作状态和活动状态,这里不再详述。

对象是类的实例,用来封装状态和行为。对象流中的对象表示的不仅是对象自身,还表示了对象作为过程中的一个状态存在。因此也可以将这种对象称为对象流状态(Object Flow State),用以和普通对象区别。

在活动图中,一个对象可以由多个动作操作。对象可以是一个转换的目的,以及一个活动的完成转换的源。同一个对象可以不只出现一次,它的每一次出现都表明该对象处于生命期的不同时间点。

一个对象流状态必须与它所表示的参数和结果的类型匹配。如果它是一个操作的输入,则必须与参数的类型匹配。反之,如果它是一个操作的输出,则必须与结果的类型匹配。

对象流表示了对象与对象、操作或产生它(使用它)的转换间的关系。为了在活动图中把它们与普通转换区分开,用带箭头的虚线而非实线表示对象流。如果虚线箭头从活动指向对象流状态,则表示输出。输出表示了动作对对象施加了影响,影响包括创建、修改、撤销等。

如果虚线箭头从对象流状态指向活动，则表示输入。输入表示动作使用了对象流所指向的对象流状态。如果活动有多个输出值或后继控制流，那么箭头背向分叉符号。反之，如果有多个输入箭头，则指向结合符号。

活动图中的对象用矩形表示，其中包含带下划线的类名，在类名下方的中括号内则是状态名，表明了对象此时的状态，图9-9为对象示例。

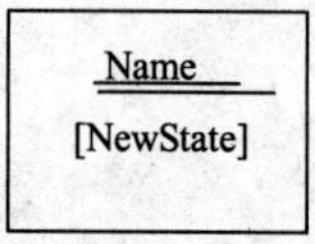

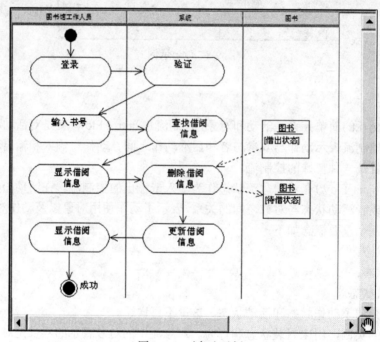

对象流中的对象具有以下特点：

（1）一个对象可以由多个活动操纵。

（2）一个活动输出的对象可以作为另一个活动输入的对象。

（3）在活动图中，同一个对象可以多次出现，它的每一次出现表明该对象正处于对象生存期的不同时间点。

图9-9　对象示例

图9-10是一个含有对象流的活动图，该图中对象表示图书的借阅状态，借阅者还书之前图书的状态为已经借出；当借阅者还了图书之后，图书的状态发生了变化，由借出状态变成了待借状态。

图9-10　对象流示例

9.4　活动图建模及案例分析

下面介绍如何使用 Rose 创建活动图。

9.4.1　创建活动图

要创建活动图，首先需要展开 Logic View 菜单项，然后在 Logic View 图标上单击鼠标右键，在弹出的快捷菜单中选择 New/Activity Diagram 命令建立新的活动图。在活动图建立以后，双击活动图的图标，会出现活动图的绘图区，如图9-11所示。

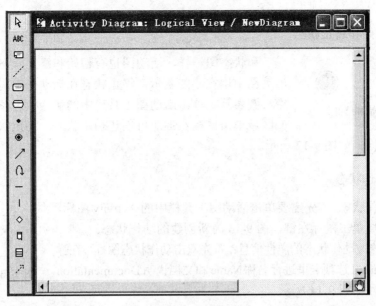

图 9-11 活动图绘图区

绘制区域的左侧为活动图工具栏，表 9-1 列出了活动图工具栏中各个按钮的图标、按钮的名称以及按钮的用途。

表 9-1 活动图工具栏

图标	按钮名称	用途
▶	Selection Tool	选择一个项目
ABC	Text Box	将文本框加进框图
▭	Note	添加注释
╱	Anchor Note to Item	将图中的注释、用例或角色相连
▭	State	添加状态
▱	Activity	添加活动
●	Start State	初始状态
◉	End State	终止状态
↗	State Transition	状态之间的转换
↺	Transition to self	状态的自转换
—	Horizontal Synchronization	水平同步
│	Vertical Synchronization	垂直同步
◇	Decision	判定
▯	Swimlane	泳道
目	Object	对象
⸌	Object Flow	对象流

9.4.2 创建初始和终止状态

图 9-12　创建初始和终止状态

和状态图一样，活动图也有初始和终止状态。初始状态在活动图中用实心圆表示，终止状态在活动图中用含有实心圆的空心圆表示。单击活动图工具栏中的初始状态图标，然后在绘制区域单击鼠标左键即可创建初始状态。终止状态的创建方法和初始状态相同，如图 9-12 所示。

9.4.3 创建动作状态

要创建动作状态，首先需要单击活动图工具栏中的 Activity 图标，然后在绘制区域单击鼠标左键，图 9-13 为新创建的动作状态。

接下来要修改动作状态的属性信息：首先双击动作状态图标，在弹出对话框的 General 选项卡里进行名称 Name 和文档说明 Documentation 等属性的设置，如图 9-14 所示。

图 9-13　创建动作状态

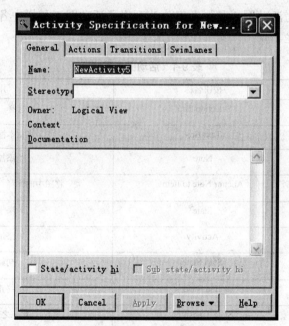

图 9-14　修改动作状态属性

9.4.4 创建活动状态

活动状态的创建方法和动作状态类似，区别是活动状态能够添加动作。活动状态的创建方法可以参考动作状态，下面介绍创建一个活动状态后如何添加动作。

首先双击活动图图标，在弹出的对话框中打开 Actions 选项卡，然后在空白处单击鼠标右键，在弹出的快捷菜单中选择 Insert 命令，如图 9-15 所示。

双击列表中出现的默认动作 Entry，在弹出对话框的 When 下拉列表中存在 On Entry、On Exit、Do 和 On Event 等动作选项。用户可以根据自己的需求选择需要的动作。如果选择 On Event 选项，则要求在相应的字段中输入事件的名称 Event、参数 Arguments 和事件发生条件 Condition 等。如果选择的是其他三项，则这几个字段不可填写信息，如图 9-16 所示。选好动作之后单击 OK 按钮，退出当前对话框，活动状态的动作添加完成。

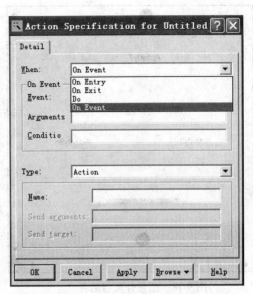

图 9-15　创建活动状态示意图 1　　　　　　　图 9-16　创建活动状态示意图 2

9.4.5　创建转换

与状态图的转换创建方法相似，活动图的转换也用带箭头的直线表示，箭头指向转入的方向。与状态图的转换不同，活动图的转换一般不需要特定事件的触发。

要创建转换，首先需要单击工具栏中的 State Transition 图标，然后在两个要转换的动作状态之间拖动鼠标，如图 9-17 所示。

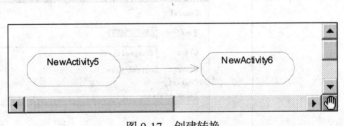

图 9-17　创建转换

9.4.6　创建分叉与结合

分叉可以分为水平分叉与垂直分叉，两者在语义上是一样的，用户可以根据自己画图的需要选择不同的分叉。要创建分叉与结合，首先需要单击工具栏中的 Horizontal Synchronization 图标按钮，在绘制区域单击鼠标左键，图 9-18 为分叉与结合的示意图。

9.4.7 创建分支与合并

分支与合并的创建方法和分叉与结合的创建方法相似：首先单击工具栏中的 Decision 图标按钮，然后在绘制区域单击鼠标左键，图 9-19 为分支与合并的示意图。

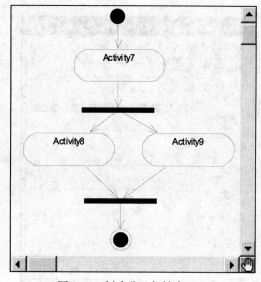

图 9-18 创建分叉与结合

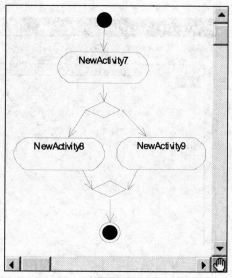

图 9-19 创建分支与合并

9.4.8 创建泳道

泳道用于将活动按照职责进行分组。要创建泳道，首先需要单击工具栏中的 Swimlane 图标按钮，然后在绘制区域单击鼠标左键，就可以创建新的泳道，如图 9-20 所示。

接下来可以修改泳道的名称等属性：选中需要修改的泳道，单击鼠标右键，在弹出的快捷菜单中选择 Open Specification 命令。在弹出的对话框中编辑 Name 文本框即可修改泳道属性，如图 9-21 所示。

图 9-20 创建泳道

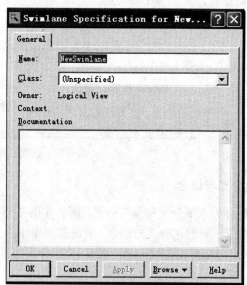

图 9-21 修改泳道属性

9.4.9　创建对象流

要创建对象流，首先要创建对象流状态。对象流的状态表示活动中输入或输出的对象。对象流是将对象流状态作为输入或输出的控制流。

对象流状态的创建方法和普通对象的创建方法相同：首先单击工具栏中 Object 图标按钮，在绘制区域单击鼠标左键，如图 9-22 所示。

接下来双击对象，在弹出的对话框中打开 General 选项卡，在该选项卡中可以设置对象的名称、标出对象的状态、增加对象的说明等，如图 9-23 所示。其中 Name 文本框用于输入对象的名字；如果建立了相应的对象类，可以在 Class 下拉列表中选择；如果建立了相应的状态，可以在 State 下拉列表中选择，如果没有状态或需要添加状态，则选择 New 选项，在弹出的对话框中输入名字后单击 OK 按钮即可；Documentation 文本框用于输入对象说明。

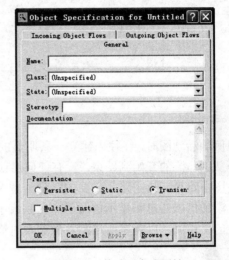

图 9-22　创建对象流状态　　　　图 9-23　修改对象流属性

创建好对象流的状态后，就可以开始创建对象流：首先需要单击工具栏中的 图标，然后在活动和对象流状态之间拖动鼠标创建对象流，如图 9-24 所示。

根据系统的用例或具体的场景描绘出系统中的两个或者更多类对象之间的过程控制流，这是使用活动图进行建模的目标。一般情

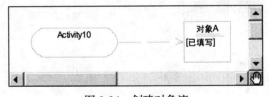

图 9-24　创建对象流

况下，一个完整的系统往往包含很多的类和控制流，这就需要创建几个活动图来进行描述。建模活动图时，可以按照以下五步进行：

(1)标识活动图的用例。

(2)建模用例的主路径。

(3)建模用例的从路径。

(4)添加泳道标识活动的事物分区。

(5)改进高层活动。

下面以图书管理系统中"图书管理员处理借书"为例，介绍如何创建系统的活动图。

1. 标识活动图的用例

在建模活动图之前，首先需要确定要建模什么和了解所要建立模型的核心问题。这就要求确定需要建模的系统用例，以及用例的参与者。对于"图书管理员处理借书"，它的参与者是图书管理员，图书管理员在处理借书的活动中主要包含了三个用例，分别为借书、显示借阅信息和超期处理。其中，显示借阅信息和超期处理用例是独立的，这两个用例都是可重用的，可以在其他用例图中使用。图9-25为处理借书系统用例图。

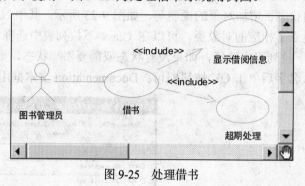

图 9-25　处理借书

2. 建模主路径

建模用例的活动图时，往往先建立一条明显的路径执行工作流，然后从该路径进行扩展。主路径就是从工作流的开始到结束，没有任何错误和判断的路径。图9-26为图书管理员处理借书的活动图主路径，该主路径主要的活动为登录、输入借书证号、检测、显示学生信息、输入书号、添加借阅信息和显示借阅信息。完成了主路径，应该着手于对主路径的检查，检查其他可能的工作流，以免有所遗漏，做到及时修改。

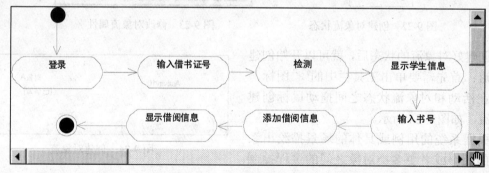

图 9-26　借书活动图主路径

3. 建模从路径

活动图的主路径描述了用例图的主要工作流，此时的活动图没有任何转换条件或错误处理。建模从路径的目标就是进一步添加活动图的内容，包括判定、转换条件和错误处理等，在主路径的基础上完善活动图。例如，检测这一活动的作用包括了对借阅者是否存在超期图书和借书数量是否超过规定要求的判断。如果两种判断同时满足条件，才开始进行下面的活动。图9-27是添加从路径后的活动图。

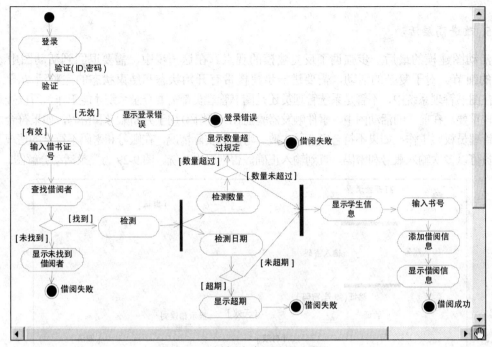

图 9-27　添加从路径后的活动图

4. 添加泳道

在活动图中加入泳道能清晰地表达出各个活动由哪个对象负责。在借书用例中，是图书管理员和系统之间进行交互，所以为活动图添加两个泳道。图 9-28 为添加泳道后的活动图。

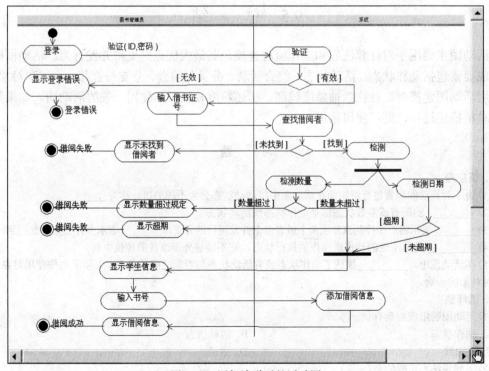

图 9-28　添加泳道后的活动图

5. 改进高层活动

活动图建模的最后一步强调了反复建模的观点。在这一步中，需要退回到活动图中添加更多的细节。对于复杂的活动，需要进一步建模带有开始状态和结束状态的完整活动图。

在图书管理系统中，不管是系统管理员还是图书管理员都需要登录系统才能工作，所以登录活动比较重要。在前面的活动图中，事件触发器验证(ID，密码)用于判断账号和密码，如果符合才能进行管理员权限工作；如果不符合则登录失败。考虑到实际情况，在账号和密码不符合的情况下，管理员可以多次输入账号和密码，直到输入正确，否则退出系统。图 9-29 为登录活动分解图。

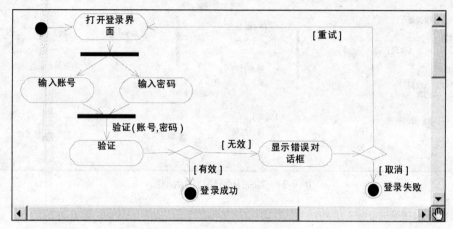

图 9-29　登录活动分解图

9.5　总　结

活动图主要用于对计算流程和工作流程建模，其最大优点是支持并发行为。活动图的主要组成要素包括动作状态、活动状态、组合活动、分叉与结合、分支与合并、泳道和对象流。在使用活动图建模时，往往当抽象度较高、描述粒度较粗时，使用一般的活动图。如果要进一步求精描述过程，则可使用泳道。

习　题

1. 填空题

(1) 为了对活动的职责进行组织而在活动图中将活动状态分为不同的组，称为_____。

(2) _____的所有或多数状态都是动作状态或活动状态。

(3) _____表示将一个控制流分成两个或者多个并发运行的分支，_____表示并行分支在此得到同步。

(4) _____是原子性的动作或操作的执行状态，它不能被外部事件的转换中断。

(5) 在活动图中，_____描述了动作状态或者活动状态与对象之间的关系，表示了动作使用对象以及动作对对象的影响。

2. 选择题

(1) 活动图的组成要素有( )。

A. 动作状态　　　　　　　　　　　B. 活动状态

C. 生命线　　　　　　　　　　　　D. 激活

(2) 下列说法不正确的是( )。

A. 一个组合活动在表面上看是一个状态，但其本质却是一组子活动的概括。

B. 分支将转换路径分成多个部分，每一部分都有单独的监护条件和不同的结果。

C. 对象流中的对象表示的不仅是对象自身，还表示了对象作为过程中的一个状态存在。

D. 活动状态是原子性的，表示一个具有子结构的纯粹计算的执行。

(3)UML 中的(　　)常用来为计算流程和工作流程建模。

A. 状态图　　　　　　　　　　　　B. 活动图

C. 构件图　　　　　　　　　　　　D. 用例图

(4)下列说法错误的是(　　)。

A. 一个对象流状态必须与它所表示的参数和结果的类型匹配。

B. 活动图中，同一个对象可以不只出现一次，它的每一次出现都表明该对象处于生命期的不同时间点。

C. 对象流表示了对象与对象、操作或产生它的转换间的关系。

D. 活动图中的对象用矩形表示，对象名下方的中括号内则是类名，表明了该对象所属的类。

3. 简答题

(1)活动图的组成要素有哪些？

(2)请简要说明分叉和分支的区别。

(3)请简要说明合并和结合的区别。

(4)什么是活动图？活动图有什么作用？

4. 练习题

(1)在图书管理系统中，图书管理员处理还书的过程如下：图书管理员扫描图书，系统显示图书的详细信息，若图书已经过期，则要求借阅者还清欠款才能还书，借阅者缴纳罚款后，更新书目信息和借阅者信息。请画出还书过程的活动图。

(2)在图书管理系统中，借阅者预订图书的过程如下：借阅者首先进入系统查询自己所需要的图书，显示图书的详细信息，检验图书是否属于可预订图书，若符合条件则检查图书是否已经被预订或已经被外借，若未被预订且未被外借，则借阅者登录系统对该图书进行预订。请画出预订图书过程的活动图。

第 10 章　构件图和部署图

在描述一个软件系统的时候，分析模型虽然有效地确定了将要构建的内容，但是却没有包含足够的信息来定义如何构建系统，设计模型可以用来填补分析和实现之间的差距。通常，分析过程就是调查问题，分析模型即对问题内容进行描述的模型，设计阶段就是在分析模型的基础上，找出解决方案，并建立设立模型。设计阶段的主要任务是通过定义一个合适的架构，用来描述系统各部分的结构、接口以及它们用于通信的机制。

系统的设计模型主要用来反映系统的实现和配置方面的信息，UML 使用两种视图来表示实现单元：实现视图和部署视图。实现视图将系统中可重用的块包装成具有可替代性的物理单元，这些单元被称为构件。实现视图用构件及构件间的接口和依赖关系来表示设计元素(例如类)的具体实现。构件是系统高层的可重用的组成部件。部署视图表示运行时的计算资源(如计算机及它们之间的连接)的物理布置。这些运行资源被称作节点。在运行时，节点包含构件和对象。构件和对象的分配可以是静态的，它们也可以在节点间迁移。如果含有依赖关系的构件实例放置在不同节点上，部署视图可以展示出执行过程中的瓶颈。

10.1　构件图的基本概念

构件图(Component Diagram)描述软件构件及构件之间的关系，显示代码的结构。构件是逻辑架构中定义的概念和功能(类、对象、它们的关系、协作)在物理架构中的实现。典型情况下，构件是开发环境中的实现文件，如图 10-1 所示。

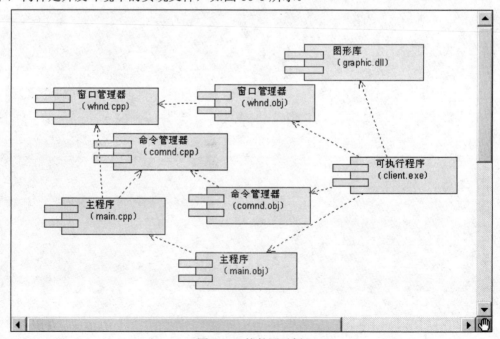

图 10-1　构件图示例

10.1.1 构件

在构件图中，将系统中可重用的模块封装成为具有可替代性的物理单元，我们称之为构件，它是独立的，是在一个系统或子系统中的封装单位，提供一个或多个接口，是系统高层的可重用的部件。构件作为系统中的一个物理实现单元，包括软件代码(包括源代码、二进制代码和可执行文件等)或者相应组成部分，例如脚本或命令行文件等，还包括带有身份标识并有物理实体的文件，如运行时的对象、文档、数据库等。

软件构件可以是下面任何一种：

● 源构件：源构件只在编译时是有意义。典型情况下，它是实现一个或多个类的源代码文件。

● 二进制构件：典型情况下，二进制构件是对象代码，它是源构件的编译结果。它应该是一个对象代码文件，一个静态库文件或一个动态库文件，二进制构件只在链接时有意义。如果二进制构件是动态库文件，则在运行时有意义(动态库只在运行时由可执行的构件装入)。

● 可执行构件：可执行构件是一个可执行的程序文件，它是链接(静态链接或动态链接)所有二进制构件所得到的结果。一个可执行构件代表处理器(计算机)上运行的可执行单元。

构件作为系统定义良好接口的物理实现单元，它能够不直接依赖于其他构件而仅仅依赖于构件所支持的接口。通过使用被软件或硬件所支持的一个操作集——接口，构件可以避免在系统中与其他构件之间直接发生依赖关系。在这种情况下，系统中的一个构件可以被支持正确接口的其他构件替代。

一个构件实例用于表示运行时存在的实现物理单元和在实例结点中的定位，它有两个特征，分别是代码特征和身份特征。构件的代码特征是指它包含和封装了实现系统功能的类或者其他元素的实现代码以及某些构成系统状态的实例对象。构件的身份特征是指构件拥有身份和状态，用于定位在其上的物理对象。由于构件的实例包含有身份和状态，我们称之为有身份的构件。一个有身份的构件是物理实体的物理包容器，在 UML 中，标准构件使用一个左边有两个小矩形的长方形表示，构件的名称位于矩形的内部，如图 10-2 所示。

图 10-2　构件

构件也有不同的类型。在 Rational Rose 2003 中，还可以使用不同的图标表示不同类型的构件。有一些构件的图标表示形式和标准构件的图形表示形式相同，它们包括 ActiveX、Applet、Application、DLL、EXE 以及自定义构造型的构件，它们的表示形式是在构件上添加相关的构造型，如图 10-3 所示，是一个构造型为 ActiveX 的构件。在 Rational Rose 中，数据库也被认为是一种构件，它的图形表示形式如图 10-4 所示。

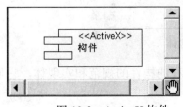

图 10-3　ActiveX 构件

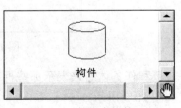

图 10-4　数据库构件

虚包是一种只包含对其他包所具有的元素的构件。它被用来提供一个包中某些内容的公共视图。虚包不包含任何它自己的模型元素，它的图形表示形式如图 10-5 所示。

系统是指组织起来以完成一定目的的连接单元的集合。在系统中，肯定有一个文件用来指定系统的入口，也就是系统程序的根文件，这个文件被称为主程序。它的图形表示形式如图 10-6 所示。

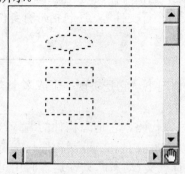 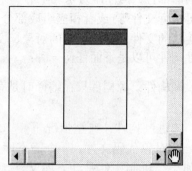

图 10-5　虚包　　　　　　　　　　　　　　图 10-6　主程序

子程序规范和子程序体是用来显示子程序的规范和实现体的。子程序是一个单独处理的元素的包，我们通常用它代指一组子程序集，它们的图形表示形式如图 10-7 所示。

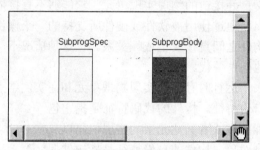

图 10-7　子程序体和子程序规范

在具体的实现中，有时候将源文件中的声明文件和实现文件分离开来，例如，在 C++语言中，我们往往将 ".h" 文件和 ".cpp" 文件分离开来。在 Rational Rose 中，将包规范和包体分别放置在这两种文件中，在包规范中放置 ".h" 文件，在包体中放置 ".cpp" 文件。它们的图形表示形式如图 10-8 所示。

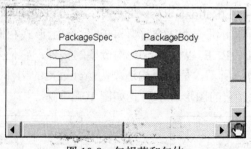

图 10-8　包规范和包体

任务规范和任务体用来表示那些拥有独立控制线程的构件的规范和实现体，它们的图形表示形式如图 10-9 所示。

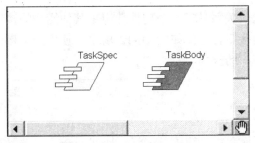

图 10-9　任务规范和任务体

在系统实现过程中,构件之所以非常重要,是因为它在功能和概念上都比一个类或者一行代码强。典型地,构件拥有类的一个协作的结构和行为。在一个构件中支持了一系列的实现元素,如实现类,即构件提供元素所需的源代码。构件的操作和接口都是由实现元素实现的。当然一个实现元素可能被多个构件支持。每个构件通常都具有明确的功能,它们通常在逻辑上和物理上有黏聚性,能够表示一个更大系统的结构或行为块。

10.1.2　构件图

构件图是用来表示系统中构件与构件之间,以及定义的类或接口与构件之间关系的图。在构件图中,构件和构件之间的关系表现为依赖关系,定义的类或接口与类之间的关系表现为依赖关系或实现关系。

在 UML 中,构件与构件之间依赖关系的表示方式与类图中类与类之间依赖关系的表示方式相同,都是使用一个从用户构件指向它所依赖的服务构件的带箭头的虚线表示,如图10-10 所示。

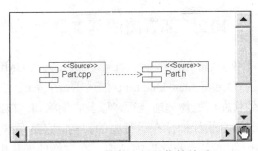

图 10-10　构件之间的依赖关系

在构件图中,如果一个构件是某一个或一些接口的实现,则可以使用一条实线将接口连接到构件,如图 10-11 所示。实现一个接口意味着构件中的实现元素支持接口中的所有操作。

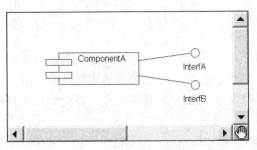

图 10-11　构件和接口之间的实现关系

构件和接口之间的依赖关系是指一个构件使用了其他元素的接口，依赖关系可以用带箭头的虚线表示，箭头指向接口符号，如图 10-12 所示。使用一个接口说明构件的实现元素只需要服务者提供接口所列出的操作。

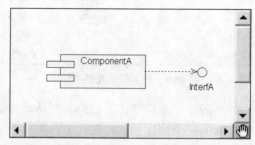

图 10-12　构件和接口之间的依赖关系

构件图通过显示系统的构件以及接口等之间的接口关系，形成系统的更大的一个设计单元。在以构件为基础的开发（Component Based Development，CBD）中，构件图为架构设计师提供了一个系统解决方案模型的自然形式，并且，它还能够在系统完成后允许一个架构设计师验证系统的必需功能是否由构件实现的，这样确保了最终系统将会被接受。

除此之外，对于不同开发小组的人员来讲，构件图能够呈现整个系统的早期设计，使系统开发的各个小组由于实现不同的构件而连接起来，构件图成为方便不同开发小组的有用交流工具。系统的开发者通过构件图呈现的将要建立的系统的高层次架构视图，开始建立系统的各个里程碑，并决定开发的任务分配以及需求分析。系统管理员也通过构件图获得将运行于它们系统上的逻辑构件的早期视图，较早地提供关于构件及其关系的信息。

10.2　部署图的基本概念

开发得到的软件系统，必须部署在某些硬件上予以执行。在 UML 中，硬件系统体系结构模型由部署图建模。部署图（Deployment Diagram）描述了一个系统运行时的硬件结点，以及在这些结点上运行的软件构件将在何处物理地运行，以及它们将如何彼此通信的静态视图。

部署图描述处理器、设备、软件构件在运行时的架构。它是系统拓扑的最终的物理描述，即描述硬件单元和运行在硬件单元上的软件的结构。在这样的架构中，在拓扑图中寻找一个指定节点是可能的，从而了解哪一个构件正在该节点上运行，哪些逻辑元素（类、对象、协作等）是在本构件中实现的，并且最终可以跟踪到这些元素在系统的初始需求说明（在用例建模中完成的）中的位置。

10.2.1　节点

节点是拥有某些计算资源的物理对象（设备）。这些资源包括：带处理器的计算机，一些设备如打印机、读卡机、通信设备等。在查找或确定实现系统所需的硬件资源时标识这些节点，主要描述节点两方面的内容：能力（如基本内存计算能力二级存储器）和位置（在所有必需的地理位置上均可得到）。

节点的确定可以通过查看对实现系统有用的硬件资源来完成，需要从能力（如计算能力、内存大小等）和物理位置（要求在所有需要使用该系统的地理位置都可以访问该系统）两方面来考虑。

节点用带有节点名称的立方体表示，节点的名称是一个字符串，有两种：简单名和路径名；位于节点图标内部。实际应用中，节点名称通常是从现实的词汇表中抽取出来的短名词或名词短语。通常，UML 图中的节点只显示名称，也可以用标记值或表示节点细节的附加栏加以修饰。

在 Rational Rose 中可以表示的节点类型包括两种，分别是处理器（Processor）节点和设备（Device）节点。

处理器（Processor）节点是指那些本身具有计算能力，能够执行各种软件的节点，例如：服务器、工作站等这些都是具有处理能力的机器。在 UML 中，处理器的表示形式如图10-13 所示。

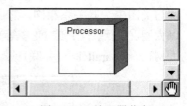

图 10-13 处理器节点

在处理器的命名方面，每一个处理器都有一个与其他处理器相区别的名称，处理器的命名没有任何限制，因为处理器通常表示一个硬件设备而不是软件实体。

由于处理器是具有处理能力的机器，所以在描述处理器方面应当包含处理器的调度（Scheduling）和进程（Process）。调度是指在处理器处理其进程中为实现一定的目的而对共同使用的资源进行时间分配。有时候我们需要指定该处理器的调度方式，从而使处理达到最优或比较优的效果。在 Rational Rose 中，对处理器的调度（Scheduling）方式默认包含以下几种，如表 10-1 所示。

表 10-1 处理器的调度方式

名称	含义
Preemptive	抢占式，高优先级的进程可以抢占低优先级的进程。默认选项
Nonpreemptive	无优先方式，进程没有优先级，当前进程在执行完毕以后再执行下一个进程
Cyclic	循环调度，进程循环控制，每一个进程都有一定的时间，超过时间或执行完毕后交给下一个进程执行
Executive	使用某种计算算法控制进程调度
Manual	用户手动计划进程调度

进程（Process）表示一个单独的控制线程，是系统中一个重量级的并发和执行单元。例如，一个构件图中的主程序和一个协作图中的主动对象都是一个进程。在一个处理器中可以包含许多个进程，要使用特定的调度方式执行这些进程。一个显示调度方式和进程内容的处理器如图 10-14 所示。在图 10-14 中，处理器的进程调度方式为"Nonpreemptive"，包含的进程为"Process1"和"Process2"。

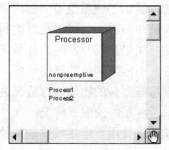

图 10-14 包含进程和调度方式的处理器示例

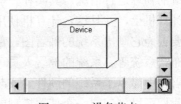

图 10-15 设备节点

设备(Device)节点是指那些本身不具备处理能力的节点。通常情况下都是通过其接口为外部提供某些服务，例如打印机、扫描仪等。每一个设备如同处理器一样都要有一个与其他设备相区别的名称，当然有时候设备的命名可以相对抽象一些，例如调节器或终端等。在 UML 中，设备节点的表示形式如图 10-15 所示。

部署图中用关联关系表示各节点之间通信路径。UML 中，部署图中的关联关系的表示方法与类图中关联关系相同，都是一条实线。在连接硬件时通常关心节点之间是如何连接的(如以太网、并行、TCP 或 USB 等)。关联关系一般不使用名称，使用构造型，如<<Ethernet>>(以太网)、<<parallel>>(并联)或<<TCP>>(传输控制协议)等，如图 10-16 所示。

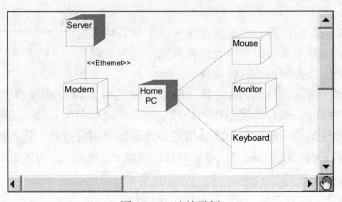

图 10-16　连接示例

在连接中支持一个或多个通信协议，它们每一个都可以使用一个关于连接的构造型来描述，常用的一些通信协议如表 10-2 所示。

表 10-2　常用通信协议

名称	含义	名称	含义
HTTP	超文本传输协议	RPC	远程过程调用通信协议
JDBC	Java 数据库连接，一套为数据库存取编写的 Java API	同步	同步连接，发送方必须等到接收方的反馈信息后才能再发送消息
ODBC	开放式数据库连接，一套微软的数据库存取应用编程接口	异步	异步连接，发送方不需要等待接收方的反馈信息就能再发送消息
RMI	远程通信协议，一个 Java 的远程调用通信协议	Web Services	经由诸如 SOAP 和 UDDI 的 Web Services 协议的通信

10.2.2　部署图

部署图表示该软件系统是如何部署到硬件环境中的，显示了该系统不同的构件将在何处物理地运行，以及它们将如何彼此通信。系统的开发人员和部署人员可以很好地利用这种图去了解系统的物理运行情况。其实在一些情况下，比如，如果我们开发的软件系统只需要运行在一台计算机上，并且这台计算机使用的是标准设备，不需要其他的辅助设备，这个时候甚至不需要去为它画出系统的部署图。部署图只需要给那些复杂的物理运行情况进行建模，比如说分布式系统等。系统的部署人员可以根据部署图了解系统的部署情况。

在部署图中显示了系统的硬件、安装在硬件上的软件以及用于连接硬件的各种协议和中间件等。我们可以将创建一个部署模型的目的概括如下。

描述一个具体应用的主要部署结构。通过对各种硬件和在硬件中的软件，以及各种连接协议的显示，可以很好地描述系统是如何部署的。

平衡系统运行时的计算资源分布。运行时，在节点中包含的各个构件和对象是可以静态分配的，也可以在节点间迁移。如果含有依赖关系的构件实例放置在不同节点上，通过部署图可以展示出在执行过程中的瓶颈。

部署图也可以通过连接描述组织的硬件网络结构或者是嵌入式系统等具有多种相关硬件和软件的系统运行模型。

10.3 构件图与部署图建模及案例分析

接下来，介绍如何使用 Rational Rose 创建构件图和部署图，并以图书管理系统为例，说明如何绘制构件图和部署图。

10.3.1 创建构件图

在构件图的工具栏中，可以使用的工具如表 10-3 所示，在该表中包含了所有 Rational Rose 默认显示的 UML 模型元素。

表 10-3 构件图的图形编辑工具栏按钮

按钮图标	按钮名称	用途
▶	Selection Tool	选择工具
ABC	Text Box	创建文本框
▣	Note	创建注释
╱	Anchor Note to Item	将注释连接到序列图中的相关模型元素
▤	Component	创建构件
▥	Package	包
↗	Dependency	依赖关系
▯	Subprogram Specification	子程序规范
▮	Subprogram Body	子程序体
▯	Main Program	主程序
▤	Package Specification	包规范
▤	Package Body	包体
▤	Task Specification	任务规范
◢	Task Body	任务体

同样，构件图的图形编辑工具栏也可以进行定制，其方式和在类图中定制其他 UML 图形的图形编辑工具栏的方式一样。将构件图的图形编辑工具栏完全添加后，将增加虚子程序（Generic Subprogram）、虚包（Generic Package）和数据库（Database）等图标。

1. 创建和删除构件图

创建一个新的构件图，可以通过以下两种方式进行。

方式一：

(1)右击浏览器中的 Component View(构件视图)或者位于构件视图下的包。

(2)在弹出的快捷菜单中，选中 New(新建)下的 Component Diagram(构件图)选项。

(3)输入新的构件图名称。

(4)双击打开浏览器中的构件图。

方式二：

(1)在菜单栏中，选择 Browse(浏览)下的 Component Diagram ...(构件图)选项，或者在标准工具栏中选择 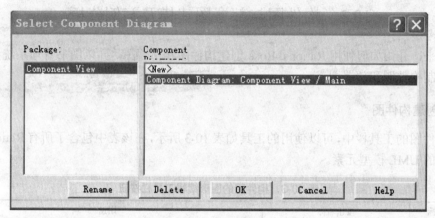 图标，弹出如图 10-17 所示的对话框。

图 10-17　添加构件图

(2)在左侧关于包的列表框中，选择要创建构件图的包的位置。

(3)在右侧的 Component Diagram(构件图)列表框中，选择<New>(新建)选项。

(4)单击 OK 按钮，在弹出的对话框中输入新构件图的名称。

在 Rational Rose 中，可以在每一个包中设置一个默认的构件图。在创建一个新的空白解决方案的时候，在 Component View(构件视图)下会自动出现一个名称为 Main 的构件图，此图即为 Component View(构件视图)下的默认构件图。当然默认构件图的名称也可以不是 Main，我们可以使用其他构件图作为默认构件图。在浏览器中，右击要作为默认形式的构件图，在快捷菜单中选择 Set as Default Diagram 选项即可把该图作为默认的构件图。

如果需要在模型中删除一个构件图，可以通过以下方式。

(1)在浏览器中选中需要删除的构件图，右击。

(2)在弹出的快捷菜单中选择 Delete 选项。

或者通过下面的方式。

(1)在菜单栏中，选择 Browse(浏览)下的 Component Diagram ...(构件图)选项，或者在标准工具栏中选择图标，弹出图 10-17 所示对话框。

(2)在左侧关于包的列表框中，选择要删除构件图的包的位置。

(3)在右侧的 Component Diagram(构件图)列表框中，选中该构件图。

(4)单击 Delete 按钮，在弹出的对话框中确认。

2. 创建和删除构件

如果需要在构件图中增加一个构件，则可以通过工具栏、浏览器或菜单栏三种方式进行添加。

通过构件图的图形编辑工具栏添加对象的步骤如下。

(1)在构件图的图形编辑工具栏中，选择 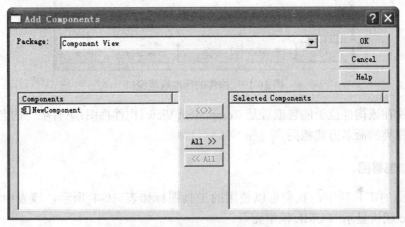 图标，此时光标变为"＋"号。

(2)在构件图的图形编辑区内任意选择一个位置，然后使用鼠标单击左键，系统便在该位置创建一个新的构件。

(3)在构件的名称栏中，输入构件的名称。

使用菜单栏或浏览器添加构件的步骤如下。

(1)在菜单栏中，选择 Tools(浏览)下的 Create(创建)选项，在 Create(创建)选项中选择 Component(构件)，此时光标变为"＋"号。如果使用浏览器，选择需要添加的包，右击，在弹出的快捷菜单中选择 New(新建)选项下的 Component(构件)选项，此时光标也变为"＋"号。

(2)以下的步骤与使用工具栏添加构件的步骤类似，按照前面使用工具栏添加构件的步骤添加即可。

如果需要将现有的构件添加到构件图中，可以通过两种方式进行。第一种方式是选中该类，直接将其拖动到打开的类图中。第二种方式的步骤如下。

(1)选择 Query(查询)下的 Add Component(添加构件)选项，弹出如图 10-18 所示的对话框。

图 10-18　添加构件对话框

(2)在对话框的 Package 下拉列表中选择需要添加构件的位置。

(3)在 Components 列表框中选择待添加的构件，添加到右侧的列表框中。

(4)单击 OK 按钮。

删除一个构件的方式同样分为两种，第一种方式是将构件从构件图中移除，另外一种是将构件永久地从模型中移除。第一种方式该构件还存在模型中，如果再用只需要将该构件添加到构件图中。删除的方式是选中该构件并按住 Delete 键。第二种方式是将构件永久地从模型中移除，其他构件图中存在的该构件也会被一起删除。可以通过以下方式进行。

(1)选中待删除的构件，右击。

(2)在弹出的快捷菜单中选择 Edit 选项下的 Delete from Model，或者按 Ctrl+Delete 快捷键。

3. 设置构件

对于构件图中的构件，和其他 Rational Rose 中的模型元素一样，我们可以通过构件的标准规范窗口设置其细节信息，包括名称、构造型、语言、文本、声明、实现类和关联文件等。

构件的标准规范窗口如图 10-19 所示。

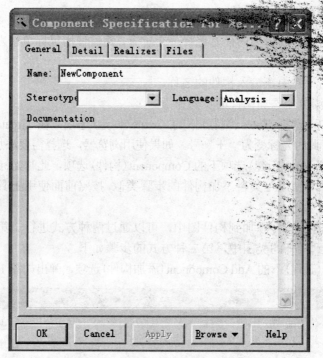

图 10-19　构件的标准规范窗口

一个构件在该构件位于的包或者是 Component View（构件视图）下有唯一的名称，并且它的命名方式和类的命名方式相同。

10.3.2　创建部署图

在部署图的工具栏中，我们可以使用的工具图标如表 10-4 所示，该表中包含了所有 Rational Rose 默认显示的 UML 模型元素。

同样部署图的图形编辑工具栏也可以进行定制，其方式和在类图中定制类图的图形编辑工具栏的方式一样。

表 10-4　部署图的图形编辑工具栏按钮

按钮图标	按钮名称	用途
	Selection Tool	选择工具
ABC	Text Box	创建文本框
	Note	创建注释
	Anchor Note to Item	将注释连接到序列图中的相关模型元素
	Processor	创建处理器
	Connection	创建连接
	Device	创建设备

在每一个系统模型中只存在一个部署图。在使用 Rational Rose 创建系统模型时，就已经创建

完毕，即为 Deployment View(部署视图)。如果要访问部署图，在浏览器中双击该部署视图即可。

1. 创建和删除节点

如果需要在部署图中增加一个节点，也可以通过工具栏、浏览器或菜单栏三种方式进行添加。

通过部署图的图形编辑工具栏添加一个处理器节点的步骤如下。

(1)在部署图的图形编辑工具栏中，选择 ⊡ 图标，此时光标变为"＋"号。

(2)在部署图的图形编辑区内任意选择一个位置，然后使用鼠标单击左键，系统便在该位置创建一个新的处理器节点，如图 10-20 所示。

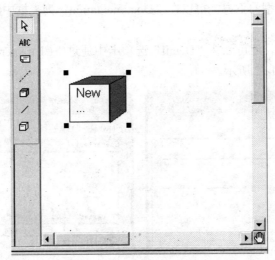

图 10-20　添加处理器节点

(3)在处理器节点的名称栏中，输入节点的名称。

使用菜单栏或浏览器添加处理器节点的步骤如下。

(1)在菜单栏中，选择 Tools(浏览)下的 Create(创建)选项，在 Create(创建)选项中选择 Processor(处理器)，此时光标变为"＋"号。如果使用浏览器，选择 Deployment View(部署视图)，右击，在弹出的快捷菜单中选择 New(新建)选项下的 Processor(处理器)选项，此时光标也变为"＋"号。

(2)以下的步骤与使用工具栏添加处理器节点的步骤类似，按照前面使用工具栏添加处理器节点的步骤添加即可。

删除一个节点同样有两种方式，第一种方式是将节点从部署图中移除，另外一种是将节点永久地从模型中移除。第一种方式该节点还存在模型中，如果再用只需要将该节点添加到部署图中。删除它的方式只需要选中该节点并按 Delete 键。第二种方式将节点永久地从模型中移除，可以通过以下方式进行。

(1)选中待删除的节点，右击。

(2)在弹出的快捷菜单中选择 Edit 选项下的 Delete from Model，或者按 Ctrl+Delete 快捷键。

2. 设置节点

对于部署图中的节点，和其他 Rational Rose 中的模型元素一样，我们可以通过节点的标准规范窗口设置其细节信息。对处理器的设置与对设备的设置略微有一些差别，在处理器中，可以设置的内容包括名称、构造型、文本、特征、进程以及进程的调度方式等。在设备中，可以设置的内容包括名称、构造型、文本和特征等。

处理器的标准规范窗口如图 10-21 所示。

一个节点在该部署图中有唯一的名称，并且它的命名方式和其他模型元素，如类、构件等的命名方式相同。

我们也可以在处理器的标准规范窗口中指定不同类型的处理器。在 Rational Rose 中，处理器的构造型没有默认的选项，如果需要指定节点的构造型，需要在构造型右方的下拉列表框中手动输入构造型的名称。

在设置处理器构造型的下方，可以在"Documentation"列表框中添加文本信息以对处理器进行说明。

在处理器的规范中，还可以在"Detail"选项卡中通过"Characterist"文本框添加硬件的物理描述信息，如图 10-22 所示。

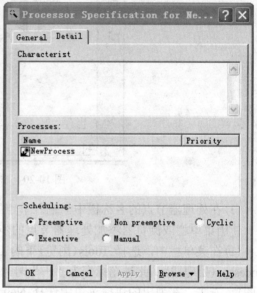

图 10-21　处理器的规范窗口　　　　图 10-22　处理器的规范窗口设置

这些物理描述信息包括硬件的连接类型、通信的带宽、内存大小、磁盘大小或设备大小等。这些信息只能够通过规范进行设置，并且这些信息在部署图中是不显示的。

在 Characterist 文本框的下方是关于处理器进程的信息。我们可以在 Processes 下添加处理器的各个进程，在处理器中添加一个进程的步骤如下。

（1）打开处理器的标准规范窗口并选择 Detail 选项卡。

（2）在 Processes 下的列表框中，选择一个空白区域，右击。

（3）在弹出的快捷菜单中选择 Insert 选项。

（4）输入一个进程的名称或从下拉列表框中选择一个当前系统的主程序构件。

还可以通过双击该进程的方式设置进程的规范。在进程的规范中，可以指定进程的名称、优先级以及描述进程的文本信息。

在 Scheduling 选项组中，可以指定进程的调度方式，在这五种调度方式中任意选择一种即可。

在默认的设置中，一个处理器是不显示该处理器包含的进程以及对这些进程的调度方式的。我们可以通过设置来显示这些信息，设置显示处理器进程和进程调度方式的步骤如下。

(1)选中该处理器节点，右击。

(2)在弹出的快捷菜单中选择 Show Processes 和 Show Scheduling 选项。

在部署图中，创建一个设备和创建一个处理器没有很大的差别。它们之间不同的是，在设备规范设置的"Detail"选项卡中仅包含设备的物理描述信息，没有进程和进程的调度信息，如图 10-23 所示。

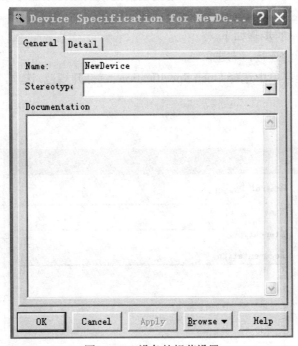

图 10-23　设备的规范设置

3. 添加和删除节点之间的连接

在部署图中添加节点之间的连接的步骤如下。

(1)选择部署图图形编辑工具栏中的 ╱ 图标，或者选择菜单 Tools(工具)中 Create(新建)下的 Connection(连接)选项，此时的光标变为"↑"符号。

(2)单击需要连接的两个节点中的任意一个节点。

(3)将连接的线段拖动到另一个节点，如图 10-24 所示。

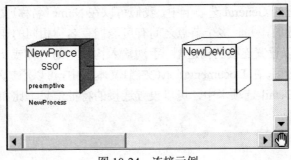

图 10-24　连接示例

如果要将连接从节点中删除，可以通过以下步骤。

(1)选中该连接。

(2)按 Delete 键，或者单击右键，在弹出的快捷菜单中选择 Edit(编辑)下的 Delete 选项。

4. 设置连接规范

在部署中，也可以和其他元素一样，通过设置连接的规范增加连接的细节信息。例如，我们可以设置连接的名称、构造型、文本和特征等信息。

打开连接规范窗口的步骤如下。

(1)选中需要打开的连接，右击。

(2)在弹出的快捷菜单中选择 Open Specification ...(打开规范)选项，弹出如图 10-25 所示的对话框。

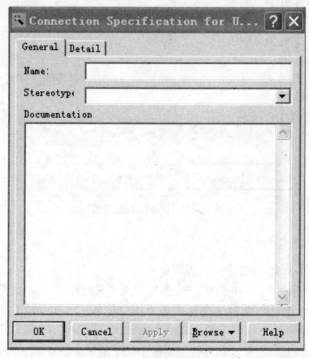

图 10-25　连接的规范窗口

在连接规范对话框的 General 选项卡中，我们可以在 Name(名称)文本框中设置连接的名称，连接的名称是可选的，并且多个节点之间有可能拥有名称相同的连接。在 Stereotype(构造型)下拉列表中，可以设置连接的构造型，手动输入构造型的名称或从下拉列表中选择以前设置过的构造型名称均可。在 Documentation(文档)文本框中，可以添加对该连接的说明信息。在连接规范对话框的 Detail 选项卡中，可以设置连接的特征信息，比如使用的光缆的类型、网络的传播速度等。

10.3.3　案例分析

下面通过"图书管理系统"为例，说明如何创建系统的构件图和部署图。

1. 绘制构件图和部署图的步骤

绘制构件图的步骤如下：
(1)添加构件。
(2)增加构件的细节。
(3)增加构件之间的关系。
(4)绘制构件图。
绘制部署图的步骤如下：
(1)确定节点。
(2)增加节点的细节。
(3)增加节点之间的关系。
(4)绘制部署图。

2. 绘制构件图

基于前文中介绍的使用 Rational Rose 创建构件图的操作说明，创建"图书管理系统"的构件图，如图 10-26 所示。

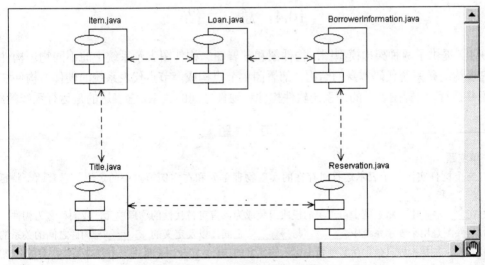

图 10-26　图书管理系统构件图

3. 绘制部署图

类似地，创建"图书管理系统"的构件图，如图 10-27 所示。

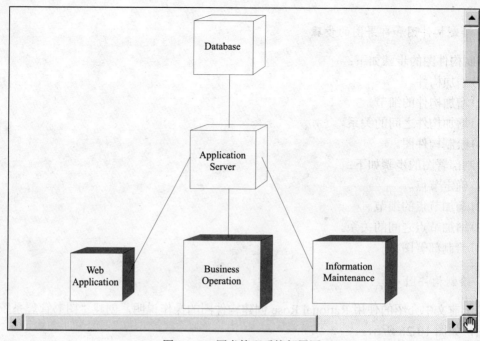

图 10-27 图书管理系统部署图

10.4 总 结

UML 提供了两种架构模型图：构件图和部署图。构件图表示系统中的不同物理构件及联系，它表达的是系统代码本身的结构。部署图由节点构成，节点代表系统的硬件，构件在节点上驻留并执行。配置图表示的是系统软件构件和硬件之间的关系，它表达的是运行系统的结构。

习 题

1. 填空题

(1)一个构件实例用于表示运行时存在的实现物理单元和在实例节点中的定位，它有两个特征，分别是_____和_____。

(2)在_____中，将系统中可重用的模块封装成为具有可替代性的物理单元，我们称之为构件。

(3)构件图是用来表示系统中_____与_____之间，以及定义的_____与构件之间的关系的图。

(4)_____是一种只包含从其他包中引入的元素的构件。它被用来提供一个包中某些内容的公共视图。

(5)_____描述了一个系统运行时的硬件结点，以及在这些结点上运行的软件构件将在何处物理地运行，以及它们将如何彼此通信的静态视图。

2. 选择题

(1)下面的(　　)元素组成了构件图。

A. 接口

C. 发送者

B. 构件

D. 依赖关系

(2)(　　)是系统中遵从一组接口且提供实现的一个物理部件，通常指开发和运行时类的物理实现。

A. 部署图

C. 类

B. 构件

D. 接口

(3)部署图的组成元素包括(　　)。

A. 处理器

B. 设备

C. 构件   D. 连接

(4) 在 UML 中表示单元的实现是通过（   ）和（   ）。它们描述了系统实现方面的信息，使系统具有可重用性和可操作性。

A. 包图   B. 状态图

C. 构件图   D. 部署图

(5) 在 UML 中，提供了两种物理表示图形：（   ）和（   ）。

A. 构件图   B. 对象图

C. 类图   D. 部署图

3. 简答题

(1) 请简要说明构件图适用于哪些建模需求。

(2) 请阐述类和构件之间的异同点。

(3) 在一张基本构件图中，构件之间最常见的关系是什么？

(4) 请说出在 UML 中主要包括哪三种构件。

4. 练习题

(1) 在"学生管理系统"中，以系统管理员添加学生信息为例，可以确定"系统管理员类 System Manager"、"学生类 Student"、"界面类 Form"三个主要的实体类，根据这些类创建关于系统管理员添加学生信息的相关构件图。

(2) 在"学生管理系统"中，系统包括三种节点，分别是：数据库节点，负责数据的存储，处理等；系统服务器节点，执行系统的业务逻辑；客户端节点，使用者通过该节点进行具体操作。根据以上的系统需求，创建系统的部署图。

第 11 章　软件开发方法学

古语有"事半功倍"一词，其意为"做事得法，因而费力小，收效大"。这个道理在软件开发的过程中依然适用。软件开发是一项巨大的系统工程，这就要求用系统工程的方法、项目管理知识体系和工具，合理地安排开发过程中的各项工作，有效地管理组织各类 IT 资源，使得软件开发的整个过程高效并能最终向用户提供符合高质量的软件。软件开发方法学是软件开发者长年成功经验和失败教训的理论性总结，采用的软件开发方法学能够最大限度地减少重复劳动，实现开发过程中的成果共享和重用。因此，如果在软件开发的过程中采用正确有效的系统开发方法学指导软件开发的全过程则有可能达到事半功倍的效果，反之则事倍功半。

11.1　软件开发中的经典阶段

软件开发过程(Software Development Process)描述了构造、部署以及维护软件的方式，是指实施于软件开发和维护中的阶段、方法、技术、实践和相关产物(计划、文档、模型、代码、测试用例和手册等)的集合，是为了获得高质量软件所需要完成的一系列任务的框架。

下面介绍软件开发过程六个经典阶段。

1. 问题的定义及规划

此阶段是软件开发与需求放在一起共同讨论的，主要确定软件的开发目标及其可行性。

2. 需求分析

需求分析是回答做什么的问题。它是一个对用户的需求进行去粗取精、去伪存真、正确理解，然后把它用软件工程开发语言(形式功能规约，即需求规格说明书)表达出来的过程。本阶段的基本任务是和用户一起确定要解决的问题，建立软件的逻辑模型，编写需求规格说明书文档并最终得到用户的认可。需求分析阶段是一个很重要的阶段，这一阶段做得好，将为整个软件项目的开发打下良好的基础。但在实际当中，"唯一不变的是变化本身"，同样软件需求也是在软件开发过程中不断变化和深入的，因此，必须制定需求变更计划来应付这种变化，以保护整个项目的正常进行。

3. 软件设计

此阶段中要根据需求分析的结果，对整个软件系统进行设计，如系统框架设计、数据库设计等。好的软件设计将为软件程序编写打下良好的基础。软件设计可以分为概要设计和详细设计两个阶段。实际上软件设计的主要任务就是将软件分解成模块，这是指能实现某个功能的数据和程序说明、可执行程序的程序单元。概要设计就是结构设计，其主要目标就是给出软件的模块结构，用软件结构图表示。详细设计的首要任务就是设计模块的程序流程、算法和数据结构，次要任务就是设计数据库，常用方法还是结构化程序设计方法。

4. 程序编码

此阶段是将软件设计的结果转化为计算机可运行的程序代码。在程序编码中必定要制定统一、符合标准的编写规范。以保证程序的可读性、易维护性。提高程序的运行效率。

5. 软件测试

在软件设计完成之后要进行严密的测试，若发现软件在整个软件设计过程中存在的问题就纠正。整个测试阶段分单元测试、组装测试、系统测试三个阶段进行。测试方法主要有白盒测试和黑盒测试。

6. 软件运行和维护

运行是指在软件已经进行完成测试的基础上，对系统进行部署和交付使用。维护是指在已完成对软件的研制(分析、设计、编码和测试)工作并交付使用以后，对软件产品所进行的一些软件工程的活动。即根据软件运行的情况，对软件进行适当修改，以适应新的要求，以及纠正运行中发现的错误。编写软件问题报告、软件修改报告。做好软件维护工作，不仅能排除障碍，使软件能正常工作，而且还可以使它扩展功能，提高性能，为用户带来明显的经济效益。

11.2 传统软件开发方法学

传统方法学又称生命周期方法学或者结构化范型。它采用结构化技术完成软件开发的各项任务，并使用适当的软件工具或软件工程环境支持结构化技术的运用。一个软件从开始计划到废止不用称为软件的生命周期。

11.2.1 传统软件开发方法学简介

在传统的软件工程方法中，软件的生存期分为定义时期、开发时期、使用和维护时期几个阶段。

定义时期包括问题定义、可行性研究、需求分析。定义时期的任务是确定软件开发工程必须完成的总目标；确定工程的可行性；导出实现工程目标该采用的策略及系统必须完成的功能；估计完成该项工程需要的资源和成本，并制定工程进度表。

开发时期包括总体设计、详细设计、编程和测试。其中前两个阶段又称为系统设计，后两个阶段又称为系统实现。

使用和维护时期包括维护。维护时期主要的任务是使软件持久地满足用户的需求。

定义时期在可行性研究时系统流程图作为描绘物理系统的传统工具。系统流程图表达的是数据在系统各部件之间流动的情况，而不是对数据进行加工处理的控制过程。

传统软件工程方法的前期工作主要集中在分析和设计阶段，在需求分析过程中实体–关系图(ERD)、数据流图(DFD)和状态转换图(STD)用于建立三种模型。其中实体–关系图(ERD)用于建立数据模型的图形，数据流图(DFD)是建立功能模块的基础，状态转换图(STD)是行为建模的基础。

在开发时期设计过程中各个阶段运用不同的工具。过程设计的工具有程序流程图、盒图、PAD图、判定表、判定树，接口设计和体系结构设计的工具都是数据流图，数据设计工具则有数据字典、实体–关系图。总体设计建立整个软件系统结构，包括子系统、模块以及相关层次的说明、每一模块的接口定义。详细设计中程序员可用的模块说明，包括每一模块中数据结构说明及加工描述。然后把设计结果转换为可执行的程序代码，实现完成后的确认，保证最终产品满足用户的要求。

维护过程包括使用过程中的扩充、修改与完善，用于改正错误或满足新的需要。

传统软件工程方法，即结构化方法面向的是过程，它按照数据变换的过程寻找问题的结点，对问题进行分解。传统软件工程方法的功能，基于模块化，自顶向下，逐步求精设计、结构化程序设计技术基础上发展起来，系统是实现模块功能的函数和过程的集合，用启发式规则对结构进行细化。

传统软件工程的优点，把软件生命周期划分成若干个阶段，每个阶段的任务相对独立，而且比较简单，便于不同人员分工协作，从而降低了整个软件开发工程的困难程度；在软件生命周期的每个阶段都采用科学的管理技术和良好的技术方法，而且在每个阶段结束之前都从技术和管理两个角度进行严格的审查，合格之后才开始下一阶段的工作，这就使软件开发工程的全过程以一种有条不紊的方式进行，保证了软件的质量，特别是提高了软件的可维护性。

总之，采用生命周期方法学可以大大提高软件开发的成功率，软件开发的生产率也能明显提高。传统软件工程方法也伴随着缺点，生产效率非常低，从而导致不能满足用户的需要，复用程度低，软件很难维护是一大弊端。因此分析过程中应该从要素信息移向实现细节。

11.2.2 瀑布模型

在传统的软件开发方法学中，最典型的软件开发模型就是瀑布模型。基于软件开发的六个经典阶段，1970 年 Winston Royce 提出了著名的"瀑布模型"，如图 11-1 所示。直到 20 世纪 80 年代早期，它一直是唯一被广泛采用的软件开发方法学，目前它在软件工程中也仍然得到广泛的应用。

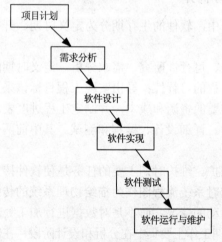

图 11-1　瀑布模型

瀑布模型核心思想是按工序将问题化简，将功能的实现与设计分开，便于分工协作，即采用结构化的分析与设计方法将逻辑实现与物理实现分开。瀑布模型将软件生命周期划分为项目计划、需求分析、软件设计、程序编写、软件测试和运行维护等六个基本阶段，并且规定了它们自上而下、相互衔接的固定次序，开发进程从一个阶段"流动"到下一个阶段，如同瀑布流水，逐级下落，这也是瀑布模型名称的由来。从本质上讲，它是一个软件开发架构，开发过程是通过一系列阶段顺序展开的，从系统需求分析开始直到产品发布和维护，每个阶段都会产生循环反馈，因此，如果有信息未被覆盖或者发现了问题，那么最好"返回"上一个阶段并进行适当的修改。

瀑布模型学有很多优点，可使得开发人员采用规范的方法；严格地规定了每个阶段必须提交的文档；要求每个阶段交出的所有产品都必须经过质量保证小组的仔细验证。但是，瀑布模型也有明显的不足。例如，它各个阶段间具有顺序性和依赖性，即下一个阶段的开始对上一个阶段的成果依赖性非常大，所以如果模型某一阶段出现了延迟完成的情况，将会影响以后各阶段的完成。另外，瀑布模型是由文档驱动的，由于瀑布模型几乎完全依赖于书面的规格说明，很可能导致最终开发出的软件产品不能真正满足用户的需要。

11.3　软件开发新方法学

在传统方法学的基础上，软件开发人员在工程实践中又总结出了一些新的方法学用于克服传统方法学中的缺点，这些新的方法学主要有统一软件开发过程 RUP（Rational Unified Process，RUP）、敏捷方法和微软方法。本章将主要介绍统一软件开发过程 RUP（以下简称统一过程）。

11.3.1　什么是统一过程 RUP

统一过程 RUP 是一套软件工程方法，是 Rational 软件公司的软件工程过程框架，主要由 Ivar Jacobson 的 The Objectors Approach 和 The Rational Approach 发展而来。它定义了进行软件开发的工作步骤，亦即定义了软件开发过程中的什么时候做、做什么、怎么做、谁来做的问题，以保证软件项目有序地、可控地、高质量地完成。RUP 凭借 Booch、Ivar Jacobson 以及 Rumbagh 在业界的领导地位，与统一建模语言的良好集成、多种 CASE 工具的支持、不断的升级与维护，迅速得到业界广泛的认同，越来越多的组织以它作为软件开发模型框架。

RUP 是面向对象开发技术发展的产物，这种方法旨在将面向对象技术应用于软件开发的所有过程，包括需求分析、系统分析、系统设计、系统实现和系统升级维护等所有过程，使软件系统开发的所有过程全面结合，最大限度地适应用户不断变化的需求，有效地降低风险，更好地适应需求变化，因此软件研发人员经常采用 RUP 指导项目开发的全过程。

11.3.2　RUP 的发展历程及其应用

Rational 统一过程是由 Rational 公司推出并维护的一个软件过程产品，它从"Ericsson（爱立信）方法"（1967 年）开始，到"对象工厂过程"（1987~1995 年），再到"Rational 对象工厂过程"（1996~1997 年），直至最后的"Rational 统一过程"（1998 年至今），经过了 30 多年的发展历程。该过程产品具有较高认知度的原因之一是其提出者 Rational 公司聚集了面向对象领域的三位杰出专家 Grady Booch、James Rumbaugh 和 Ivar Jacobson，同时，他们又是面向对象开发的行业标准语言——UML 的创立者。目前，全球有上千家公司在使用 Rational 统一软件过程，如 Ericsson、MCI、British Aero Space、Xerox、Volvo、Intel、Visa 和 Oracle 等，它们分布在电信、交通、航空、国防、制造、金融、系统集成等不同的行业和应用领域，开发着或大或小的项目，这表现了 Rational 统一软件过程的多功能性和广泛的适用性。

Rational 统一过程是经过一系列的发展阶段逐步发展和完善起来的，其演进历史如图 11-2 所示。

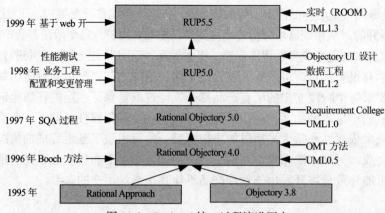

图 11-2　Rational 统一过程演进历史

由图 11-2 可以看出，Rational Unified Process 是 Rational Objectory Process（version 5）的直接继承者。Rational Unified Process 合并了数据工程、商业建模、项目管理和配置管理领域更多的东西，后者作为与 Prue Atria 的归并结果。它更紧密地集成至 Rational 软件工具集。Rational Objectory Process（version 4.0）是 Rational Approach 与 Objectory Process（version 3）的综合，1995 年 Rational 软件公司与 Objectory AB 合并之后，从它的 Objectory 前任，继承了过程结构和 Use Case 的中心概念，从它的 Rational 背景，得到了迭代开发和体系结构的系统阐述。该版本同样包括了 Requisite、Inc 配置管理部分和从 SQA 公司继承的详细测试过程。最后，该开发过程是第一个使用了统一建模语言（UML1.0）。

11.3.3　RUP 二维模型

RUP软件开发生命周期是一个二维的软件开发模型，如图 11-3 所示。横轴通过时间组织，是过程展开的生命周期特征，体现开发过程的动态结构，用来描述它的术语主要包括周期（Cycle）、阶段（Phase）、迭代（Iteration）和里程碑（Milestone）；横轴表示项目的时间维，纵轴以内容组织为自然的逻辑活动，体现开发过程的静态结构，用来描述它的术语主要包括活动（Activity）、产物（Artifact）、工作者（Worker）和工作流（Workflow）。

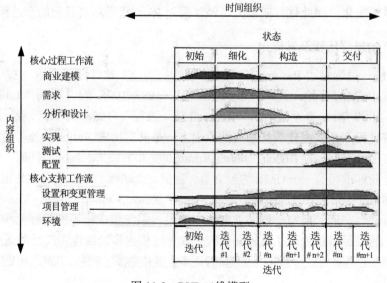

图 11-3　RUP 二维模型

1. RUP 的静态结构

Rational 统一过程的静态结构是通过对其模型元素的定义描述的。在 Rational 统一过程的开发流程中定义了"谁"、"何时"、"如何"做"某事"，并分别使用如下四种主要的建模元素表达。

(1)角色(Workers)，代表了"谁"来做？

(2)活动(Activities)，代表了"如何"去做？

(3)产物(Artifacts)，代表了要做"某事"？

(4)工作流(Workflows)，代表了"何时"做？

1)角色

角色不是特指人，是指系统以外的，在使用系统或与系统交互中由个人或由若干人所组成小组的行为和责任，它是统一过程的中心概念，很多事物和活动都是围绕角色进行的。

在软件开发过程中常见的角色有以下几种。

(1)架构师(Architect)。

架构师是在一个软件项目开发过程中，将客户的需求转换为规范的开发计划及文本，并制定这个项目的总体架构，指导整个开发团队完成这个计划。架构师的主要任务不是从事具体的软件程序的编写，而是从事更高层次的开发构架工作。他必须对开发技术非常了解，并且需要有良好的组织管理能力。一个架构师工作的好坏决定了整个软件开发项目的成败。

(2)系统分析员(System Analyst)。

系统分析员是对大型、复杂的信息系统建设任务中，承担分析、设计和领导实施的领军人物。要做好与客户之间的关系，同时对客户的需求要正确地理解，要选择合适的开发技术，同时做好与客户间沟通交流，学会说服对方。

(3)测试设计师(Test Designer)。

测试设计师负责计划、设计、实现和评价测试，包括产生测试计划和测试模型，实现测试规程，评价测试覆盖范围、测试结果和测试有效性。

2)活动

某个角色所执行的行为称为活动，每一个角色都与一组相关的活动相联系，活动定义了他们执行的工作。活动通常具有明确的目的，将在项目语境中产生有意义的结果，通常表现为一些产物，如模型、类、计划等。

以下是一些活动的例子。

(1)计划一个迭代过程。对应角色：项目经理。

(2)寻找用例和参与者(actors)。对应角色：系统分析员。

(3)审核设计。对应角色：设计审核人员。

(4)执行性能测试。对应角色：性能测试人员。

3)产物

产物是被过程产生的修改，或为过程所使用的一段信息。产物是项目的有形产品，是项目最终产生的事物，或者向最终产品迈进过程中使用的事物。产物用做角色执行某个活动的输入，同时也是该活动的输出。在面向对象的设计术语中，如活动是活动对象(角色)上的操作一样，产物是这些活动的参数。产物可以具有不同的形式：模型、模型组成元素、文档、源代码和可执行文件。

以下是一些产物的例子。

(1)存储在 Rational Rose 中的设计模型。

(2)存储在 Microsoft Project 中的项目计划文档。

(3)存储在 Microsoft Visual Source Safe 中的项目程序源文件。

4)工作流

仅依靠角色、活动和产物的列举并不能组成一个过程。需要一种方法描述能产生若干有价值的有意义结果的活动序列，显示角色之间的交互作用，这就是工作流。

工作流是指能够产生具有可观察结果的活动序列。通常一个工作流可以使用活动图的形式描述。

Rational 统一过程中包含了九个核心过程工作流(core process workflows)，代表了所有角色和活动的逻辑分组情况。

核心过程工作流可以再分成六个核心工程工作流和三个核心支持工作流。

六个核心工程工作流分别为：

①业务建模工作流；②需求工作流；③分析和设计工作流；④实现工作流；⑤测试工作流；⑥分发工作流。

三个核心支持工作流分别为：

①项目管理工作流；②配置和变更控制工作流；③环境工作流。

2. RUP 的动态结构

RUP 中的软件生命周期在时间上被分解为四个顺序的阶段，分别是初始阶段(Inception)、细化阶段(Elaboration)、构造阶段(Construction)和交付阶段(Transition)。每个阶段结束于一个主要的里程碑(Major Milestones)；每个阶段本质上是两个里程碑之间的时间跨度。在每个阶段的结尾执行一次评估以确定这个阶段的目标是否已经满足，如图 11-4 所示。如果评估结果令人满意，可以允许项目进入下一个阶段。

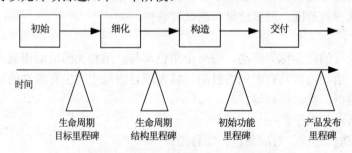

图 11-4　迭代过程的阶段和里程碑

1)初始阶段

初始阶段也称先启阶段。初始阶段的目标是为系统建立商业案例并确定项目的边界。为了达到该目的必须识别所有与系统交互的外部实体，在较高层次上定义交互的特性。本阶段具有非常重要的意义，在这个阶段中所关注的是整个项目进行中的业务和需求方面的主要风险。对于建立在原有系统基础上的开发项目，初始阶段可能很短。初始阶段结束时是第一个重要的里程碑：生命周期目标(Lifecycle Objective)里程碑。生命周期目标里程碑评价项目基本的生存能力。

本阶段的主要目标：

(1)明确软件系统的范围和边界条件。

(2)明确区分系统的关键用例和主要的功能场景。

(3)展现或者演示至少一种符合主要场景要求的候选软件体系结构。

(4)对整个项目做最初的项目成本和日程估计。

(5)估计出潜在的风险。

(6)准备好项目的支持环境。

初始阶段的产出是指以下内容：

(1)构想文档，核心项目需求、关键特色、主要约束的总体构想。

(2)原始用例模型(完成 10%～20%)。

(3)原始项目术语表(可能部分表达为业务模型)。

(4)原始商业案例，包括商业背景、验收规范、成本预计等。

(5)原始的业务风险评估。

(6)一个或多个原型。

初始阶段结束是第一个重要的里程碑，即生命周期目标里程碑。初始阶段的审核标准如下：

(1)风险承担者就范围定义的成本/日程估计达成共识。

(2)以客观的主要用例证实对需求的理解。

(3)成本/日程、优先级、风险和开发过程的可信度。

(4)被开发体系结构原型的深度和广度。

(5)实际开发与计划开支的比较。

如果无法通过这些里程碑，那么项目可能被取消或仔细地重新考虑。

2)细化阶段

细化阶段是四个阶段中最重要的阶段。细化阶段的目标是分析问题领域，建立健全的体系结构基础，编制项目计划，淘汰项目中最高风险的元素。为了达到该目的，必须在理解整个系统的基础上，对体系结构做出决策，包括其范围、主要功能和性能等非功能需求。同时为项目建立支持环境，包括创建开发案例，创建模板、准则并准备工具。

细化阶段结束是第二个重要的里程碑，即生命周期结构(Lifecycle Architecture)里程碑。生命周期结构里程碑为系统的结构建立了管理基准并使项目小组能够在构建阶段中衡量。此刻，要检验详细的系统目标和范围、结构的选择以及主要风险的解决方案。细化阶段是四个阶段中最关键的阶段。

本阶段的主要目标如下：

(1)确保软件结构、需求、计划足够稳定；确保项目风险已经降低到能够预计完成整个项目的成本和日程的程度。

(2)针对项目软件结构上的主要风险已经解决或处理完成。

(3)通过完成软件结构上的主要场景建立软件体系结构的基线。

(4)建立一个包含高质量组件的可演化的产品原型。

(5)说明基线化的软件体系结构可以保障系统需求控制在合理的成本和时间范围内。

(6)建立好产品的支持环境。

细化阶段的产出是指以下内容：

(1) 用例模型(完成至少 80%)，大多数用例描述被开发。

(2) 补充捕获非功能性要求和非关联特定用例要求的需求。

(3) 软件体系结构描述——可执行的软件原型。

(4) 经修订过的风险清单和商业案例。

(5) 总体项目的开发计划，包括纹理较粗糙的项目计划，显示迭代过程和对应的审核标准。

(6) 指明被使用过程更新过的开发用例。

(7) 用户手册的初始版本(可选)。

细化阶段结束是第二个重要的里程碑：生命周期结构里程碑。主要审核标准包括回答以下问题：

(1) 产品的蓝图是否稳定？

(2) 体系结构是否稳定？

(3) 可执行的演示版是否显示风险要素已被处理和可靠地解决？

(4) 如果当前计划在现有的体系结构环境中被执行且开发出完整系统，是否所有的风险承担人同意该蓝图是可实现的？

(5) 实际的费用开支与计划开支是否可以接受？

如果无法通过这些里程碑，则项目可能被取消或仔细地重新考虑。

3) 构造阶段

在构建阶段，所有剩余的构件和应用程序功能被开发并集成为产品，所有的功能被详细测试。从某种意义上，构建阶段是一个制造过程，其重点放在管理资源及控制运作以优化成本、进度和质量。

构建阶段结束是第三个重要的里程碑：初始功能(Initial Operational)里程碑。初始功能里程碑决定了产品是否可以在测试环境中进行部署。此刻，要确定软件、环境、用户是否可以开始系统的运作。此时的产品版本也常称为"Beta"版。

本阶段的主要目标如下：

(1) 通过优化资源和避免不必要的返工达到开发成本的最小化。

(2) 根据实际需要达到适当的质量目标。

(3) 据实际需要形成各个版本。

(4) 对所有必需的功能完成分析、设计、开发和测试工作。

(5) 采用循环渐进的方式开发出一个可以提交给最终用户的完整产品。

(6) 确定软件站点的用户都为产品的最终部署做好了相关准备。

(7) 达成一定程度上的并发开发机制。

构造阶段的产出是可以交付给最终用户的产品。它最小包括以下内容：

(1) 特定平台上的集成产品。

(2) 用户手册。

(3) 当前版本的描述。

构建阶段结束是第三个重要的项目里程碑(初始功能里程碑)。构建阶段主要的审核标准包括回答以下问题：

(1) 产品是否足够稳定和成熟地发布给用户？

(2) 是否所有的风险承担人都准备好向用户移交？

(3) 实际费用与计划费用的比较是否仍可接受？

如果无法通过这些里程碑，则移交不得不延迟。

4) 交付阶段

交付阶段的重点是确保软件对最终用户是可用的。交付阶段可以跨越几次迭代，包括为发布做准备的产品测试，基于用户反馈的少量的调整。在生命周期的这一点上，用户反馈应主要集中在产品调整，设置、安装和可用性问题，所有主要的结构问题应该已经在项目生命周期的早期阶段解决了。

交付阶段的终点是第四个里程碑：产品发布(Product Release)里程碑。此时，要确定目标是否实现，是否应该开始另一个开发周期。在一些情况下这个里程碑可能与下一个周期的初始阶段的结束重合。

移交阶段的主要目标：确保软件产品可以提交给最终用户。本阶段的具体目标如下：

(1) 进行 Beta 测试以期达到最终用户的需要。

(2) Beta 测试版本和旧系统的并轨。

(3) 转换功能数据库。

(4) 对最终用户和产品支持人员的培训。

(5) 提交给市场和产品销售部门。

(6) 和具体部署相关的工程活动。

(7) 协调 bug 修订、改进性能和可用性(usability)等工作。

(8) 基于完整的构想和产品验收标准对最终部署进行评估。

(9) 达到用户要求的满意度。

(10) 达成各风险承担人对产品部署基线已经完成的共识。

(11) 达成各风险承担人对产品部署符合构想中标准的共识。

发布阶段的审核标准主要回答以下两个问题：

(1) 用户是否满意？

(2) 实际费用与计划费用的比较是否仍可被接受？

11.3.4　RUP 的核心工作流

RUP 中有九个核心工作流，分为六个核心过程工作流(Core Process Workflows)和三个核心支持工作流(Core Supporting Workflows)。九个核心工作流在项目中轮流使用，在每一次迭代中以不同的重点和强度重复。

1. 核心过程工作流

1) 商业建模

商业建模(Business Modeling)工作流的主要目的是对系统的商业环境和范围进行建模，确保所有参与人员对开发系统有共同的认识，并在商业用例模型和商业对象模型中定义组织的过程、角色和责任。

2) 需求分析

需求工作流的目标是描述系统应该做什么，并使开发人员和用户就这一描述达成共识。为了达到该目标，要对需要的功能和约束进行提取、组织、文档化；最重要的是定义系统功能及用户界面，明确可以需要的系统的功能。

3)分析与设计

分析和设计（Analysis and Design）工作流将需求转化成未来系统的设计。为系统开发一个健壮的结构并调整设计使其与实现环境相匹配，优化其性能。分析设计的结果是一个设计模型和一个可选的分析模型。设计模型是源代码的抽象，由设计类和一些描述组成。设计类被组织成具有良好接口的设计包和设计子系统（Subsystem），而描述则体现了类的对象如何协同工作实现用例的功能。设计活动以体系结构设计为中心，体系结构由若干结构视图表达，结构视图是整个设计的抽象和简化，该视图中省略了一些细节，使重要的特点体现得更加清晰。体系结构不仅是良好设计模型的承载媒介，而且在系统的开发中能提高被创建模型的质量。

4)实现

实现（Implementation）工作流包含定义代码的组织结构、实现代码、单元测试和系统集成四个方面的内容。实现工作流的目的包括以层次化的子系统形式定义代码的组织结构，以组件的形式（源文件、二进制文件、可执行文件）实现类和对象。将开发出的组件作为单元进行测试，以及集成由单个开发者所开发的组件，使其成为可执行的系统。

5)测试

测试（Test）工作流要验证对象间的交互作用，验证软件中所有组件的正确集成，检验所有的需求已被正确的实现，识别并确认缺陷在软件部署之前被提出并处理。RUP提出了迭代的方法，意味着在整个项目中进行测试，从而尽可能早地发现缺陷，从根本上降低了修改缺陷的成本。测试类似于三维模型，分别从可靠性、功能性和系统性能进行。

6)部署

部署（Deployment）工作流的目的是成功地生成版本并将软件分发给最终用户。部署工作流描述了那些与确保软件产品对最终用户具有可用性相关的活动，包括软件打包、生成软件本身以外的产品、安装软件、为用户提供帮助。在有些情况下，还可能包括计划和进行 Beta 测试版、移植现有的软件和数据以及正式验收。

2. 核心支持工作流

1)配置和变更管理

配置和变更管理（Configuration and Change Management）工作流描绘了如何在多个成员组成的项目中控制大量的产物。配置和变更管理工作流提供了管理演化系统中的多个变体的准则，跟踪软件创建过程中的版本。工作流描述了如何管理并行开发、分布式开发、如何自动化创建工程。同时也阐述了对产品修改原因、时间、人员保持审计记录。

2)项目管理

软件项目管理（Project Management）平衡各种可能产生冲突的目标，管理风险，克服各种约束并成功交付使用户满意的产品。其目标包括：为项目的管理提供框架，为计划、人员配备、执行和监控项目提供实用的准则，为管理风险提供框架等。

3)环境

环境（Environment）工作流的目的是向软件开发组织提供软件开发环境，包括过程和工具。环境工作流集中于配置项目过程中所需要的活动，同样也支持开发项目规范的活动，提供了逐步的指导手册并介绍了如何在组织中实现过程。

11.3.5 RUP 的迭代开发模型

传统的软件开发是顺序通过每个工作流，每个工作流只有一次，也就是瀑布生命周期模型。这样做的结果是到实现末期产品完成并开始测试，在分析、设计和实现阶段所遗留的隐藏问题会大量出现，开发过程可能要停止并开始一个漫长的错误修正周期。

相对于瀑布模型，RUP 迭代开发模型更灵活、风险更小，如图 11-5 所示。它多次通过不同的开发工作流，这样可以更好地理解用户需求，构造一个健壮的体系结构，并最终交付一系列逐步完成的版本。这叫做一个迭代生命周期。在工作流中的每一次顺序的通过称为一次迭代。软件生命周期是迭代的连续，通过它，软件是增量式的开发。一次迭代包括了生成一个可执行版本的开发活动，还有使用这个版本所必需的其他辅助成分，如版本描述、用户文档等。因此一个开发迭代在某种意义上是在所有工作流中的一次完整的经过，这些工作流至少包括需求工作流、分析和设计工作流、实现工作流、测试工作流。其本身就像一个小型的瀑布式模型项目。尽管 RUP 迭代模型中六个核心工作流与瀑布模型中几个阶段有点类似，但是其迭代过程中的阶段是不同的，这些工作流在软件开发的整个周期过程中将多次重复。九个核心工作流在项目中实际完整的工作流中轮流使用，但在每一次迭代中以不同的重点和强度重复。

与传统的瀑布模型相比，迭代过程的优点如下：

(1)降低了在一个增量上的开支风险。

(2)降低了产品无法按照既定进度进入市场的风险。

(3)加快了整个开发工作的进度。

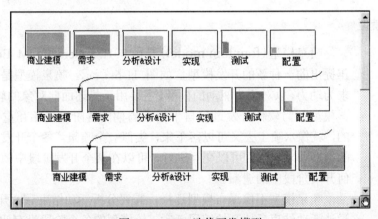

图 11-5　RUP 迭代开发模型

11.3.6 RUP 的应用优势和局限性

RUP 是过程组件、方法以及技术的框架，可以应用于任何特定的软件项目，由用户自己限定 RUP 的使用范围。其应用优势如下。

(1)用例驱动：架构采用用例驱动，能够更有效地从需求转到后续的分析和设计。

(2)增量迭代：采用迭代和增量式的开发模式，便于相关人员从迭代中学习。

(3)协同工作：统一过程是一个工程化的过程，所以它能使项目组的每个成员协调一致地工作；并从多方面强化了软件开发组织。最重要的是它提供了项目组可以协同工作的途径。

(4)项目间协调：RUP 提供了项目组与用户及其他项目相关人员一起工作的途径。

(5)易于控制：RUP 的重复迭代和用例驱动、体系结构为中心的开发使得开发人员能比较容易地控制整个系统的开发过程，管理其复杂性并维护其完整性。

(6)易于管理：体系结构中定义清晰、功能明确的组件为基于组件式的开发和大规模的软件复用提供了有力的支持，也是项目管理中计划与人员安排的依据。

(7)工具丰富：RUP 辅助以 Rational 公司提供的丰富的支持 RUP 的工具集，包括可视化建模工具 RationalRose、需求管理工具 RequisitePro、版本管理工具 ClearCase、文档生成 SoDa、测试工具 SQA 和 Performance 等；由于 RUP 采用标准的 UML 描述系统的模型体系结构，可以利用很多第三方厂家提供的产品。

但是 RUP 只是一个开发过程，并没有涵盖软件过程的全部内容，例如，它缺少关于软件运行和支持等方面的内容；此外，对于各种类型的软件项目，RUP 并未给出具体的自身裁减及实施策略，降低了在开发组织内大范围实现重用的可能性。RUP 适用于规模比较大的软件项目和大型的软件开发组织或团队，提供了在软件开发中涉及的几乎所有方面的内容。但是，对于中、小规模的软件项目，开发团队的规模不是很大，软件的开发周期也比较短。在这种情况下，完全照搬 RUP 并不完全适用。

11.4　其他软件开发模型

除了前面介绍的瀑布模型和 RUP 的迭代模型，优秀的软件开发人员在长期的实践过程中基于其他一些方法学也建立了一些软件开发模型，本节将再介绍几个模型，希望对初学者有所裨益。

11.4.1　喷泉模型

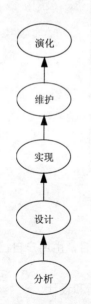

图 11-6　喷泉模型

喷泉模型（fountain model）是由 B. H. Sollers 和 J. M. Edwards 于 1990 年提出的一种新的开发模型，如图 11-6 所示。喷泉模型是一种以用户需求为动力，以对象为驱动的模型，主要用于描述面向对象的软件开发过程。该模型认为软件开发过程自下而上周期的各阶段是相互重叠和多次反复的，就像水喷上去又可以落下来，类似一个喷泉。各个开发阶段没有特定的次序要求，并且可以交互进行，可以在某个开发阶段中随时补充其他任何开发阶段中的遗漏。

喷泉模型不像瀑布模型那样，需要分析活动结束后才开始设计活动，设计活动结束后才开始编码活动。该模型的各个阶段没有明显的界线，开发人员可以同步进行开发。其优点是可以提高软件项目开发效率，节省开发时间，适应于面向对象的软件开发过程。

由于喷泉模型在各个开发阶段是重叠的，在开发过程中需要大量的开发人员，不利于项目的管理。此外这种模型要求严格管理文档，使得审核的难度加大，尤其是面对可能随时加入各种信息、需求与资料的情况。

11.4.2　原型模型

原型模型（Rapid Prototype Model）又称为样品模型或快速原型模型，如图 11-7 所示。原型模型先借用已有系统作为原型模型，即通过"样品"不断改进，使得最后的产品就是用户所需要的。

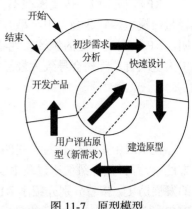

图 11-7　原型模型

原型是指在开发真实系统之前，构造一个早期可运行的版本，它反映了最终系统的重要特性。通过向用户提供原型获取用户的反馈，使开发出的软件能够真正反映用户的需求。同时，原型模型采用逐步求精的方法完善原型，使得原型能够"快速"开发，避免了像瀑布模型一样在冗长的开发过程中难以对用户的反馈做出快速的响应。相对于瀑布模型，原型模型更符合人们开发的软件习惯，是目前较流行的一种实用软件生存周期模型。

原型模型克服了瀑布模型完全依赖书面的规格说明的缺点，减少由于软件需求不明确带来的开发风险。但是它所选用的开发技术和工具不一定符合主流的发展；快速建立起来的系统结构加上连续的修改可能会导致产品质量低下。

11.4.3　XP

在所有的敏捷方法中，XP（Extreme Programming）模型是最受瞩目的一种。20 世纪 80 年代末，它由 Kenck Beck 和 Ward Cunningham 合力推出，如图 11-8 所示。

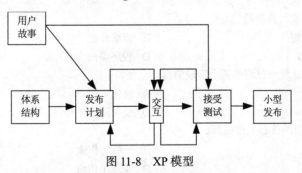

图 11-8　XP 模型

XP 过程模型对各阶段资源配置水平以及执行者间的沟通有较高的要求，适合用户需求不明确、变更难以预测、探索预研、业务变动频繁的项目。

XP 模型是面向客户的开发模型，重点强调用户的满意程度。开发过程中对需求改变的适应能力较强，即使在开发后期也可以较大程度地适应用户的改变。XP 模型具有交流、简介、反馈和进取的特点。交流是指 XP 模型促使软件开发人员和客户之间保持随时频繁的交流，所有项目的展开都建立在用户参与和项目组讨论的基础上。简洁是指 XP 模型努力产生简洁清晰的设计。反馈是指 XP 模型尽可能早地将结果产品送交用户并根据用户的反馈进行修改。进取是指 XP 模型使开发小组对用户需求和实用技术的改变总是充满信心。

XP 模型极端强调测试。虽然几乎所有的过程都提到了测试，可是始终没有把测试摆在一个重要的位置上。而 XP 模型则不一样，测试是开发的基础。每一个程序员在写代码的同时还要做测试。测试已经整合成为一个不断持续的迭代过程，并且为将来的开发奠定了坚实的平台。

XP 模型克服了传统模型不适于软件开发过程需求变化的缺陷，是一种面向客户的新颖的轻量级模型。它适合于中小型开发小组，可降低开发风险，使软件开发简易而高效。实践证明，XP 模型在一定的领域表现卓越。当然，XP 在实际的应用中还存在一些问题，如不适合中大型项目、重构会导致大量经费开销等。

11.5 总　结

在本章中，首先介绍了软件开发中传统方法学以及瀑布模型，接着介绍了软件开发的新方法学，并详细介绍统一过程 RUP。在对 Rational 统一过程介绍中，首先介绍了统一过程 RUP 的发展历史，接着分别介绍了 RUP 的二维模型、静态结构、动态结构和核心工作流以及基于 RUP 的迭代模型。在本章的最后，介绍了基于其他方法学的一些软件开放模型。

习　题

1. 填空题

(1) 软件开发方法学分为_____和_____。

(2) 软件开发新方法学主要有_____、_____和_____。

(3) Rational 统一过程是一种_____的过程结构。

(4) Rational 统一过程中，静态结构通过_____、_____、_____和_____四种建模元素进行表达。

(5) Rational 统一过程的核心支持工作流包括_____、_____和_____。

2. 选择题

(1) 下列属于软件开发经典阶段的是(　　)。

A. 问题的定义及规划　　　　　　　　B. 需求分析

C. 软件设计　　　　　　　　　　　　D. 程序编码

(2) 下列属于 Rational 统一过程的四个阶段的有(　　)。

A. 起始阶段　　　　　　　　　　　　B. 细化阶段

C. 构建阶段　　　　　　　　　　　　D. 交付阶段

(3) Rational 统一过程的核心工作流有(　　)。

A. 需求捕获工作流　　　　　　　　　B. 分析工作流

C. 设计工作流　　　　　　　　　　　D. 实现工作流

3. 简答题

(1) 简述软件开发方法学的作用。

(2) 简述瀑布模型的优点和缺点。

(3) 简述 Rational 统一过程。

(4) RUP 与 UML 之间的关系？

(5) 简述统一过程 RUP 的四个阶段。

(6) 简述统一过程 RUP 的六个核心工作流的主要内容。

(7) 简述统一过程 RUP 的优点和缺点。

(8) 简述喷泉模型、原型模型以及 XP 模型各自的优点和缺点。

第 12 章 银 行 系 统

本章将以一个简单的银行系统为例介绍 UML 的建模过程。整个系统的分析与设计过程按照软件设计的一般流程进行，包括需求分析和系统建模等。

12.1 需 求 分 析

银行是与人们日常生活紧密相关的一个机构，银行可提供存款、取款、转账等业务。实际生活中银行的功能极其复杂，例如，客户可以使用信用卡进行存款、取款等活动。为了简化系统，本章的例子只考虑了银行的基本功能。

本章所讲的银行系统至少应该具有如下功能。

(1)一个客户可以持有一个或多个账户。

(2)可以开户。

(3)可以注销账户。

(4)可以存钱。

(5)可以取钱。

(6)可以在银行内的账户之间转账。

(7)可以在不同银行的账户之间转账。

(8)可以查询账户情况，包括以前进行的存款、取款等的交易记录。

由于面向对象的分析设计过程是个迭代的软件开发过程，所以需求也会在分析设计的过程中不断补充、细化。因此，上述的需求只是初步的基本需求，还有待不断细化、完善。

12.2 系 统 建 模

首先通过使用用例驱动创建系统的用例模型，获取系统的需求，并使用系统的静态模型创建系统内容，然后通过动态模型对系统的内容进行补充和说明，最后通过部署模型完成系统的部署工作。

12.2.1 创建系统用例模型

创建系统用例的第一步是确定系统的参与者。通过分析银行系统的功能需求，可以识别出以下三种参与者。

(1)银行职员(Clerk)：指银行的工作人员，可以创建、删除账户，并可以修改账户信息。

(2)客户(Customer)：指任何在银行中开有账户的个人或组织，可以存钱、取钱，还可以在不同的账户之间转账。

(3)银行(Bank)：指任意一个提供存款、取款、转账等业务的银行，客户可以在银行中设立或关闭账户。

然后根据参与者的不同分别画出各个参与者的用例图。

1. 银行职员用例图

银行职员能够通过该系统进行如下活动，其用例图如图 12-1 所示。

(1) 登录：登录系统时，必须通过系统的身份验证才能进入银行系统主界面进行下一步的操作。

(2) 管理账户：包括创建、删除账户以及修改账户信息。

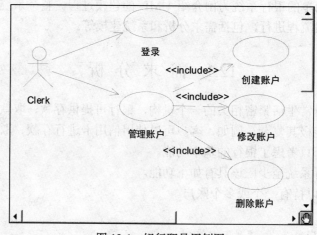

图 12-1　银行职员用例图

2. 客户用例图

银行职员作为客户的代理与用例进行交互，即客户依赖银行职员完成存钱、取钱、转账等操作。客户用例图如图 12-2 所示，具体用例如下。

(1) 存钱：用户通过银行职员将钱存入自己的账户中。

(2) 取钱：用户通过银行职员从自己的账户中将钱取出。

(3) 转账：用户通过银行职员将一个账户中的钱款转至其他账户中。由于转账既可以在同一银行进行，也可以在不同的银行之间进行，因此这里用了两个用例，用本行转账和跨行转账描述。本行转账和跨行转账是转账的子用例，它们之间是继承的关系。

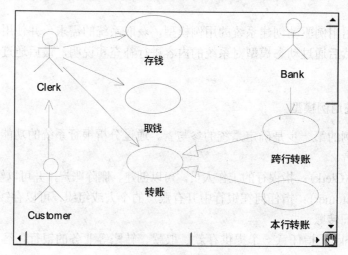

图 12-2　客户用例图

3. 银行用例图

参考图 12-2 客户用例图。这里的银行参与者描述的是与转账用例中的跨行转账交互的另外一家银行对象。如果是同一家银行的转账，就不需要用到这个银行参与者。

12.2.2　创建系统静态模型

在获得系统的基本需求用例模型以后，通过识别和分析系统中的类和对象创建系统的静态模型。

1. 确定类

根据系统需求可以识别系统中存在的对象。系统对象的识别是通过寻找系统域描述和需求描述中的名词进行的，从前面的需求分析中可以找到的名词有银行、账户、客户和资金，这些都是对象图中的候选对象。判断是否应该为这些候选对象创建类的方法是看是否有与该对象相关的身份和行为？如果有，候选对象应该是一个存在于模型中的对象，并应该为它创建类。

1）银行（Bank）

银行是有身份的。例如，"交通银行"与"中信银行"是不同的银行，在这个软件系统中，银行没有相关的行为，但有身份，所以银行也应该成为系统中的一个类。

2）账户（Account）

账户也具有身份。可以根据账户的账号区别账户，具有不同账号的账户是不同的。账户具有相关的行为，资金可以存入账户、可以从账户中取出或在不同的账户之间转移，所以，账户也是系统中的一个类。

3）客户（Customer）

客户也有身份。例如，"刘明"和"刘庆"是两个不同的人，具有相同名字和不同身份证号的两个人也是不同的。在这个系统中，客户虽然没有相关的行为，但有身份，所以客户也应该成为系统中的一个对象。

4）资金（Funds）

资金没有身份。例如，无法区分一个 1000 元与另一个 1000 元，也没有与资金相关的行为。也许会有人说，资金可以存入、提出或在账户间转移，但这是账户的行为，而不是资金自身的行为。所以，与其用一个类表示资金，不如用一个简单的浮点数值表示资金。

从上述分析，至少创建三个类：银行、账户和客户。

在银行系统中，对账户进行存钱、取钱和转账的操作，都要保留业务记录，因此在系统中还应建立代表这些业务记录的对象。可以为这些对象建立三个类：存钱（Deposit）、取钱（Withdraw）和转账（Transfer），分别代表存款业务记录、取款业务记录和转账业务记录。这三个类都是一种业务记录，因此可以抽象出父类（Transaction）。

系统和用户交互离不开直观的图形化界面，所以也需要定义系统的用户界面类。我们将创建六个界面类，分别是主界面类（MainForm）、登录界面类（LoginForm）、查询界面类（QueryForm）、存款或取款界面类（DWForm）、账户界面类（AccountForm）和转账界面类（TransferForm）。

2. 确定属性和操作

接着，需要确定这些类的属性和操作。

1) 类 Bank

类 Bank 应该具有下列私有属性：编号 (code)、名称 (name)、地址 (address)、电话 (phone) 和传真 (fax)。

为了设置和访问对象的私有属性值，类 Bank 应该具有下述方法。

setBankCode (code: string)

setName (name:string)

setAddress (address:string)

setPhone (phone:string)

setFax (fax:string)

getBankCode () : string

getName () : string

getAddress () : string

getPhone () : string

getFax () : string

一般情况下，要将属性都声明为私有属性，由于访问私有属性必须通过方法进行，对于类的每个私有属性，都有相应的 setXX () 方法用来设置私有属性值，以及相应的 getXX () 方法用来访问私有属性值。下面不再对私有属性的 setXX () 和 getXX () 方法进行列举了。

2) 类 Account

类 Account 应该具有如下私有属性：银行 (bank)、持有者 (holder)、账号 (accountNo)、开户日期 (createDate)、金额 (balance)。

根据需求，类 Account 应该具有如下方法。

getHolders () : Customer

解决账户和客户之间一对多的关系。

newAccount (holder: Customer, balance: float) : void

开户，应提供持有者的信息和账户的资金数目。

remAccount (accountNo: String) : void

注销账户。

withdraw (holderName: String, holderID: String, accountNo: String, money: float) : float

取钱，该操作返回账户余额。

deposit (holderName: String, holderID: String, accountNo: String, money: float) : float

存钱，该操作返回账户余额。

transferOut (accountNo: String, bandCode: String, money: float) : float

资金转出，该操作以资金转入账号、转入账户所在银行代码和转账金额为参数，以转账后的余额为返回值。

transferIn (accountNo: String, bandCode: String, money: float) : float

资金转入，该操作以资金转出账号、转出账户所在银行代码和转账金额为参数，以转账后的余额为返回值。

newBalance () : float

该操作计算新的账户余额。

update () : void

更新数据库中的账户信息。

save(): void

将账户信息存储到数据库中。

delete(): void

从数据库中删除账户。

closeAccount(accountNo: String): void

该操作对账户进行结算并关闭。

getAccount(accountNo: String): Account

返回指定账号的账户信息。

query(holderName: String, holderID: String, accountNo: String, money: float, isSaving: Boolean): Boolean

查询账户是否存在，若取款，还要查询账户金额是否足够。

3）类 Customer

类 Customer 应该具有如下私有属性：姓名(name)、编号(customerID)、地址(address)、账户(account)。

根据需求，类 Customer 应该具有如下操作。

getAccounts(): Account

解决客户与账户之间一对多的关系。

query(name: String, id: String): Boolean

该操作可查询数据库中是否存在指定客户名和 ID 号的客户信息。

newCustomer(name: String, id: String, address: String, account: Account): void

创建客户对象。

save(): void

将客户信息存储到数据库中。

update(): void

更新数据库中的客户信息。

hasAccount(): Boolean

判断客户是否还持有账户。

delete(): void

删除数据库中的客户信息。

4）类 Transaction

私有属性如下：账户(account)、转账时间(createDate)、金额(fund)。

公共方法如下。

newTransaction(account: Account, fund: float, date: Date): void

创建交易记录。

Save(): void

将交易记录存储到数据库中。

5）类 Deposit

继承类 Transaction。

私有属性如下：无。

公共方法如下。

newDeposit(account: Account, fund: float, date: Date): void

创建存款交易记录。

save(): void

将存款交易记录存储到数据库中。

6) 类 Withdraw

继承类 Transaction。

私有属性如下：无。

公共方法如下。

newWithdraw(account: Account, fund: float, date: Date): void

创建取款交易记录。

save(): void

将取款交易记录存储到数据库中。

7) 类 Transfer

继承类 Transaction。

私有属性如下：转至的账号(transferAccountNo)、转至的银行(transferBank)。

公共方法如下。

newTransfer(account: Account, transferAccountNo: String, transferBank: Bank, fund: float, date: Date): void

创建转账交易记录。

save(): void

将转账交易记录存储到数据库中。

8) 类 MainForm

MainForm 是系统的主界面，系统的主界面含有几个按钮，当选择不同按钮时，系统可以执行不同的操作。当程序退出时，主界面窗口关闭。

私有属性如下：待定。

公共方法如下。

newMainForm(): void

创建系统主界面。

deposit(): void

当按下按钮"存款"时，该方法被调用。

withdraw(): void

当按下按钮"取款"时，该方法被调用。

transfer(): void

当按下按钮"转账"时，该方法被调用。

newAccount(): void

当按下按钮"创建账户"时，该方法被调用。

delAccount(): void

当按下按钮"删除账户"时，该方法被调用。

modAccount(): void

当按下按钮"修改账户"时，该方法被调用。

9) 类 LoginForm

界面类 LoginForm 是用来输入用户名和密码的对话框。该对话框在启动系统时弹出，提示用户输入验证信息，若验证成功，则系统启动；否则，用户重新输入验证信息或终止操作。

私有属性如下：待定。

公共方法如下。

newLDialog()：void

创建用来输入用户名和密码的对话框。

inputInfo()：void

用户输入用户信息后，在提交用户信息时，该方法被调用。

validate(name：String，pass：String)：Boolean

验证用户名和密码是否正确。

10) 类 QueryForm

界面类 QueryForm 是用来根据账户的账号查找账户的对话框。当按下主窗口 MainForm 中的按钮"删除账户"和"修改账户信息"时，对话框 QueryForm 弹出，银行职员填写账号并提交，然后系统查询数据库中具有指定账号的账户信息。

私有属性如下：待定。

类 QueryDialog 具有如下方法。

newQDialog()：void

创建查询窗口。

query()：void

当查询窗口被提交时，该方法被调用。

11) 类 DWForm

界面类 DWForm 是客户在存款或取款时所需的对话框。当按下主窗口 MainForm 中的按钮"存款"或"取款"时，该对话框弹出，对话框中第一个按钮根据操作的不同显示为"存款"或"取款"。

私有属性如下：待定。

公共方法如下。

newDWDialog()：void

创建用于填写存、取款信息的窗口。

deposit()：void

按钮"存款"被按下时，该方法被调用。

Withdraw()：void

按钮"取款"被按下时，该方法被调用。

12) 类 AccountForm

界面类 AccountForm 是用来填写或显示账户信息的对话框。

当按下主窗口 MainForm 中的按钮"创建账户"时，对话框弹出，银行职员填写账户信息(包括客户姓名、客户 ID 号、客户地址、账号、金额)，然后单击对话框中的按钮"创建"，系统创建账户并将之存储在系统中。当按下主窗口 MainForm 中的按钮"删除账户"或"修改账户信息"时，对话框 QueryForm 弹出，银行职员填写账号并提交。系统查询数据库，获取账户信息后弹出对话框 AccountForm，显示账户的详细信息，对话框的第一个按钮的标签根据操作的不同显示为"删除"或"修改"。若是"删除账户"，银行职员单击对话框中的按钮"删除"，系统则删除所存储的该账户信息；若是"修改账户信息"，银行职员修改账户信息后，单击对话框中的按钮"修改"，系统则更新所存储的账户信息。

私有属性如下：待定。

公共方法如下。

newADialog()：void

创建用于填写账户信息的窗口。

newADialog(account：Account)：void

创建用于显示账户信息的窗口。

newAccount()：void

按钮"创建"被按下时，该方法被调用。

delAccount()：void

按钮"删除"被按下时，该方法被调用。

modAccount()：void

按钮"修改"被按下时，该方法被调用。

13) 类 TransferForm

界面类 TransferForm 是用来填写转账信息的对话框。当按下主窗口 MainForm 中的按钮"转账"时，该对话框弹出，银行职员填写资金转出账户、转账金额、资金转入账户等信息，然后单击按钮 OK 确认操作，系统执行转账操作。

私有属性如下：待定。

公共方法如下。

newTDialog()：void

创建用于填写转账信息的对话框。

transfer()：void

当对话框被提交时，该方法被调用。

3. 确定类之间的关系

确定了系统中的类后，还需要确定类之间的关系，然后才能建立类图。分析：Account 账户类和 Customer 客户类之间是"多对多"的关系，一个客户至少拥有一个账户，一个账户至少被一个客户所拥有(集体账户可以为多个客户共同拥有)。Account 账户类和 Bank 银行类之间是"一对多"的组合关系，账户是银行类的一部分，一个银行对象至少拥有一个账户对象。一个账户对象只属于一个银行。Account 账户类和 Transaction 存在"一对多"的关联关系，一个账户对象可以有多个交易记录，一个 Transaction 对象只属于一个账户。Deposit 存款类、Withdraw 取款类和 Transfer 转账类继承 Transaction 类，所以它们和 Transaction 之间是类属关系。MainForm 主界面类与登录界面类之间是关联关系，而 AccountForm 账户界面类、QueryForm 查询界面类、TransferForm 转账界面类和 DWForm 取款界面类都是主界面类的一部分，所以它们和主界面类之间是组合关系。AccountForm、QueryForm、DWForm 和 TransferForm 与 Account 账户类是依赖关系。

根据上述类的关系，完整的类图如图 12-3 所示。

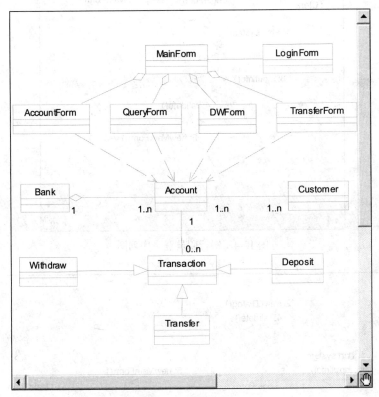

图 12-3　系统类图

12.2.3　创建系统动态模型

系统的动态模型可以使用交互作用图、状态图和活动图描述。交互作用图包括序列图和协作图。序列图描绘了系统中的一组对象在时间上交互的整体行为，协作图描绘的是系统中一组对象的交互行为。活动图强调了从活动到活动的控制流，状态图强调一个对象在其生命周期内的各种状态，而交互作用图则强调从对象到对象的控制流。

1. 创建序列图和协作图

在银行系统中，通过上述用例，以如下的交互行为为例进行简单说明。

（1）"登录"用例。

首先，Clerk 启动系统，类 LoginForm 的方法 newLDialog 被调用，创建用来填写登录信息的对话框。Clerk 填写登录信息后，提交信息，执行方法 validate() 验证用户名和密码是否正确，若正确，发送消息 newMainForm 给类 MainForm，启动系统，创建系统主界面。根据基本流程，银行职员登录银行系统的序列图如图 12-4 所示。与序列图等价的协作图如图 12-5 所示。

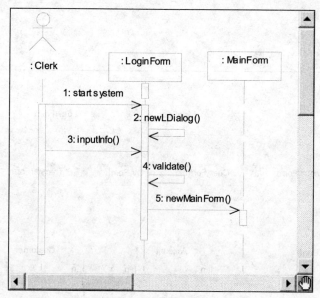

图 12-4 银行职员登录序列图

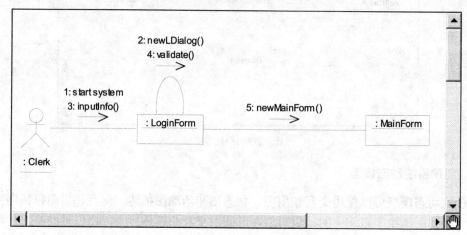

图 12-5 银行职员登录协作图

（2）"存款"用例。

客户要求存款，Clerk 发送消息 deposit() 给类 MainForm，类 MainForm 又发送消息 newDWDialog 给类 DWForm，即类 DWForm 的方法 newDWDialog() 被调用，创建用于填写存款信息的窗口。 Clerk 填写必要的信息后，提交信息，类 DWForm 的方法 deposit() 被调用，发送消息 deposit() 给 类 Account。在类 Account 的方法 deposit() 的执行过程中，首先调用类 Account 的方法 query()， 确认数据库中是否存在该账户，若存在(若账户不存在，则显示提示信息)，则发送消息 newDeposit() 给类 Deposit，创建一个存款交易记录，然后调用方法 save() 将该记录存储到数据库中。调用类 Account 的方法 newBalance() 计算新的账户余额，最后调用方法 update() 更新数据库中该账户的 信息。客户存款序列图如图 12-6 所示，协作图如图 12-7 所示。

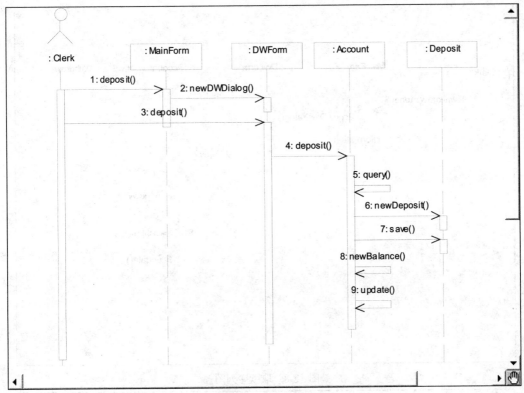

图 12-6　存款序列图

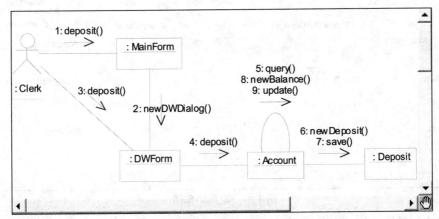

图 12-7　存款协作图

（3）"取款"用例。

客户要求存款，Clerk 发送消息 withdraw money 给类 MainForm，类 MainForm 又发送消息 newDWDialog 给类 DWForm，也即类 DWForm 的方法 newDWDialog()被调用，创建用于填写取款信息的窗口。Clerk 填写必要的信息后，提交信息，类 DWForm 的方法 withdraw()被调用，发送消息 withdraw()给类 Account。类 Account 的方法 query()被调用，确认数据库中是否存在该账户，若存在并且金额足够，则发送消息 newWithdraw()给类 Withdraw，创建一个取款交易记录，然后调用方法 save()将该记录存储到数据库中。调用类 Account 的方法 newBalance()计算新的账户余额，最后调用方法 update()更新数据库中该账户的信息。客户取款序列图如图 12-8 所示，协作图如图 12-9 所示。

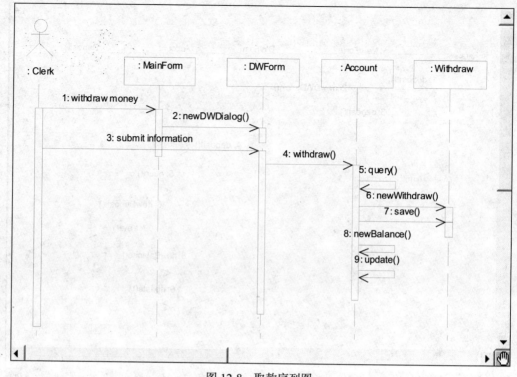

图 12-8 取款序列图

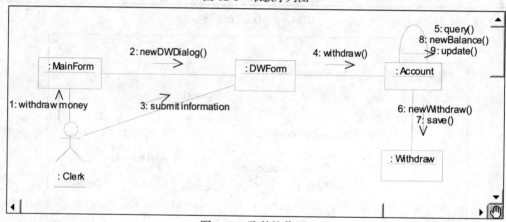

图 12-9 取款协作图

（4）"本行转账"用例。

客户要求在本行内转账，类 MainForm 的方法 transfer（）被调用，类 MainForm 发送信息 newTDialog 给类 TransferForm，创建用于填写转账信息的窗口。Clerk 填写必要的信息后，提交信息，类 TransferForm 的方法 transfer（）被调用，发送消息 transferOut（）给类 Account 的对象 t1（资金转出账户），调用方法 query（）查询账户 t1、t2 是否存在且 t1 中资金是否足够（即大于转账金额），如果账户 t1 或 t2 不存在，或资金不够，发送操作失败信息给 Clerk；反之，如果账户 t1、t2 都存在且 t1 中资金足够，调用方法 newBalance（计算新的账户余额，再调用方法 update（）更新数据库中 t1 的信息。然后发送消息 newTransfer（）给类 Transfer，创建转账交易记录，然后发送消息 save（）给类 Transfer，存储转账交易记录。类 TransferForm 还发送消息 transferIn（）给类 Account 的对象 t2（资金转入账户），调用方法 newBalance（）计算新的账户余额，再调用方法 update（）更新数据库中 t2 的信息。最后发送消息 newTransfer() 给类 Transfer，创建转账交易记录，发送消息 save() 给类 Transfer，存储转账交易记录。客户本行转账序列图如图 12-10 所示，协作图如图 12-11 所示。

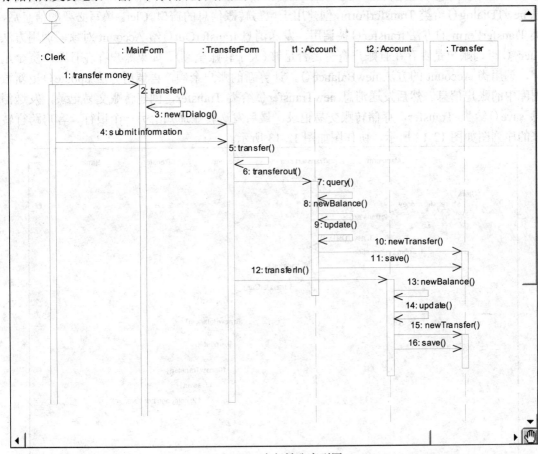

图 12-10　本行转账序列图

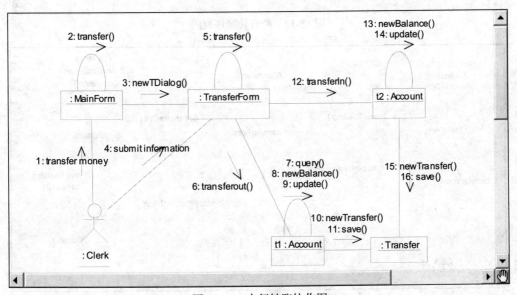

图 12-11　本行转账协作图

(5)"跨行转账"用例。

客户要求在银行之间转账,类 MainForm 的方法 transfer()被调用,类 MainForm 发送信息 newTDialog()给类 TransferForm,创建用于填写转账信息的窗口。Clerk 填写必要的信息后,类 TransferForm 的方法 transfer()被调用,发送消息 transferOut()给 Account 对象,调用方法 query()查询账户是否存在且账户资金是否足够(大于转账金额),如果账户存在且账户资金足够,调用类 Account 的方法 newBalance(),计算新的账户余额,再调用方法 update()更新数据库中的账户信息。然后发送消息 newTransfer()给类 Transfer,创建转账交易记录,发送消息 save()给类 Transfer,存储转账交易记录。最后发送转账通知给另一个银行。客户跨行转账的序列图如图 12-12 所示,协作图如图 12-13 所示。

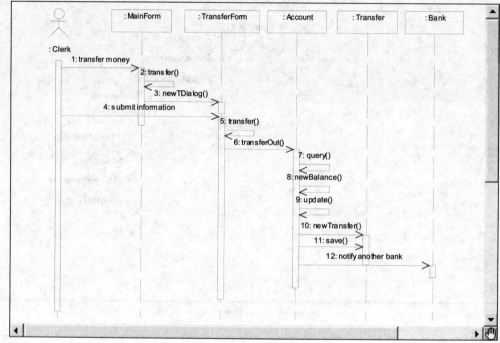

图 12-12　跨行转账序列图

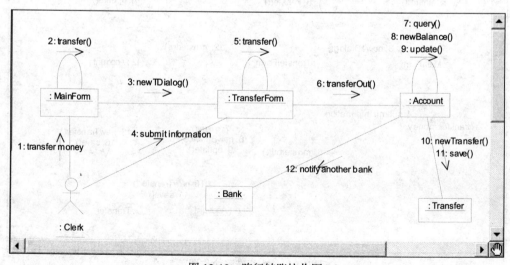

图 12-13　跨行转账协作图

（6）"开立新账户"用例。

客户要求开立新账户，Clerk 发送消息 newAccount（）给类 MainForm，类 MainForm 发送消息 newADialog 给类 AccountForm，创建用于填写账户信息的窗口。Clerk 提交信息后，类 AccountForm 的方法 newAccount（）被调用，发送消息 newAccount（）给类 Account，创建 Account 对象。调用 query（）查询该客户是否已存在于数据库中（该客户可能已在银行开设其他账户，因此数据库中已有该客户信息），若该客户信息存在，类 Account 发送消息 update（）给类 Customer，更新数据库中该客户的信息；反之，若数据库中不存在该客户信息，则类 Account 发送消息 newCustomer（）给类 Customer，创建 Customer 对象，然后调用方法 save（）将客户信息存储到数据库中。最后，调用类 Account 的方法 save（）将 Account 信息存储到数据库中。客户开立新账户的序列图如图 12-14 所示，协作图如图 12-15 所示。

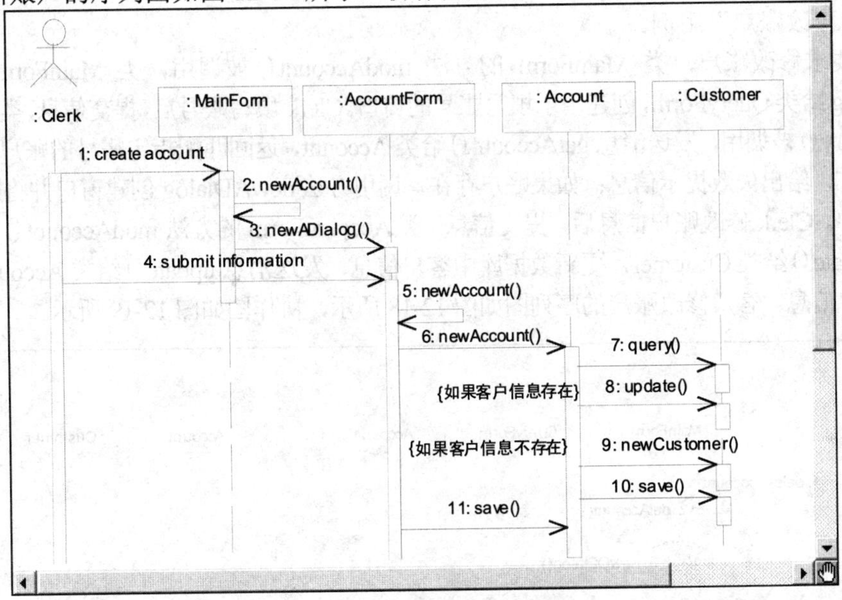

图 12-14　开立新账户序列图

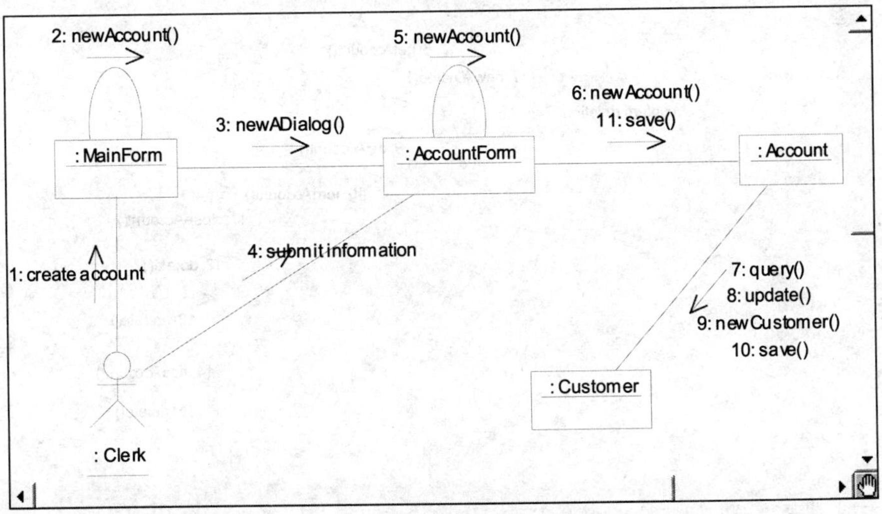

图 12-15　开立新账户协作图

（7）"删除账户"用例。

客户要求删除账户，类 MainForm 的方法 delAccount（）被调用，类 MainForm 发送消息

newQDialog 给类 QueryForm，创建用于填写账号的窗口。Clerk 填写账号后，提交信息，类 QueryForm 的方法 query()被调用，发送消息 getAccount()给类 Account，返回匹配指定账号的账户信息，若账户信息为空，发送消息给 Clerk；反之，若账户信息存在，调用方法 newADialog()创建窗口并将账户信息显示在窗口中。Clerk 确认删除，类 AccountDialog 的方法 delAccount()被调用，发送消息 remAccount()给类 Account。在方法 remAccount()被执行的过程中，首先调用类 Account 的方法 closeAccount()结清账户的利息和余额，关闭账户，然后调用方法 delete()从数据库中删除该账户，发送消息 update()给类 Customer，更新数据库中 Customer 的相关信息。然后调用类 Customer 的方法 hasAccount()判断是否还有与 Customer 相关的账户存在，若没有，调用方法 delete()删除数据库中的客户信息。客户删除账户的序列图如图 12-16 所示，协作图如图 12-17 所示。

（8）"修改账户"用例。

客户要求修改账户，类 MainForm 的方法 modAccount()被调用，类 MainForm 发送消息 newQDialog 给类 QueryForm，创建用于填写账号的窗口。Clerk 填写账号后，提交信息，类 QueryForm 的方法 query()被调用，发送消息 getAccount()给类 Account，返回匹配指定账号的账户信息，如果账户不存在，给出失败提示信息；如果账户存在，调用方法 newADialog 创建窗口并将账户信息显示在窗口中。Clerk 修改账户信息后，提交信息，类 AccountForm 的方法 modAccount()被调用，发送消息 update()给类 Customer，更新数据库中客户信息，发送消息 update()给类 Account，更新数据库中账户信息。客户修改账户的序列图如图 12-18 所示，协作图如图 12-19 所示。

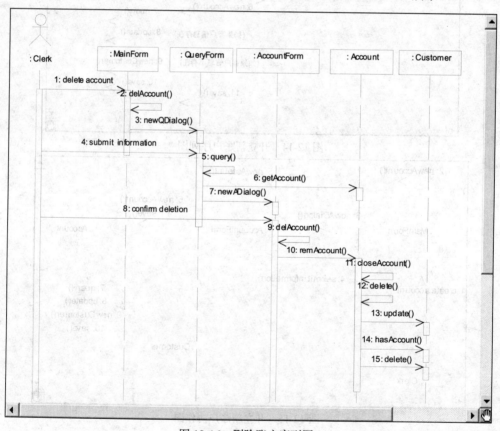

图 12-16　删除账户序列图

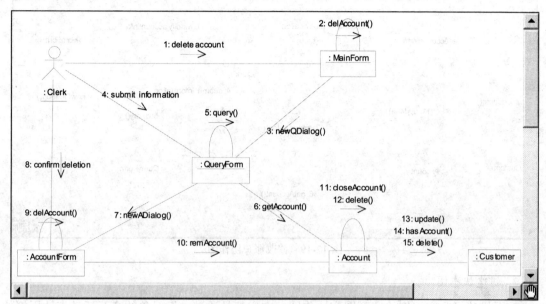

图 12-17　删除账户协作图

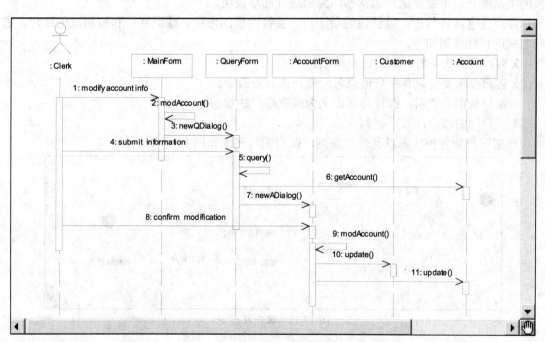

图 12-18　修改账户序列图

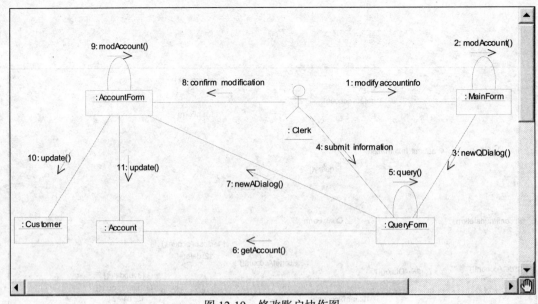

图 12-19　修改账户协作图

2. 创建状态图

上面描述了几个用例的序列图和协作图，它们都是通过一组对象的交互活动表达用例的行为的，接下来通过状态图对有明确状态转换的类进行描述。在银行系统中，有明确状态转换的类是账户，下面以账户的状态图为例进行简单说明。

账户包含四种状态：被创建的新账户、被修改后的账户、睡眠账户和被删除的账户。它们之间的转化规则如下。

λ 客户开立账户时，新的账户被创建。

λ 客户要求变更原有账户信息时，账户内容被改变。

λ 账户长期未使用，银行将其定义为睡眠账户的状态。

λ 客户注销账户，账户被删除。

根据账户的各种状态以及转换规则，账户的状态图如图 12-20 所示。

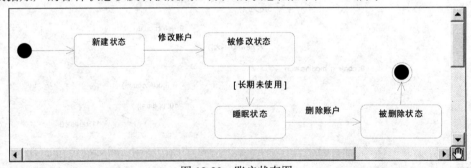

图 12-20　账户状态图

3. 创建活动图

下面利用活动图描述系统的参与者是如何协同工作的。

(1)银行职员登录系统活动图。

具体的活动过程描述如下。首先，系统提示用户输入用户名和密码。然后，银行职员输入用户名和密码后提交系统，验证其是否正确。如正确，进入主界面，否则显示错误信息，并提示用户重新输入。根据上述过程，银行职员登录系统活动图如图 12-21 所示。

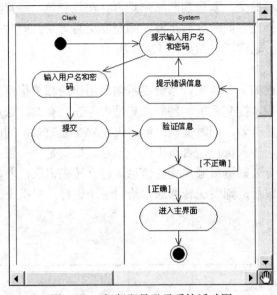

图 12-21　银行职员登录系统活动图

（2）存款活动图。

具体的活动过程描述如下。首先，系统提示输入用户的相关信息和存款金额。然后，银行职员将相关信息输入后提交，系统判断账户是否存在且有效。如果账户存在且有效，建立交易记录，同时修改账户金额，保存交易记录。根据上述过程，存款活动图如图 12-22 所示。

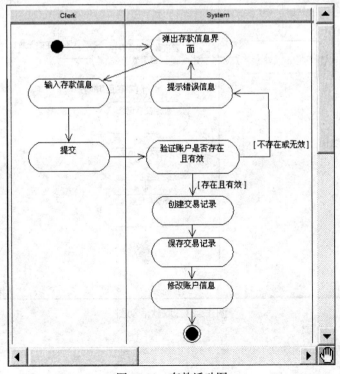

图 12-22　存款活动图

(3) 取款活动图。

具体的活动过程描述如下。首先，系统提示输入用户的相关信息和取款金额。然后，银行职员将相关信息输入后提交，系统判断账户是否存在且有效，账户中的余额是否大于取款金额。如果账户有效并存在，同时金额足够，则建立交易记录，同时修改账户金额，保存交易记录。根据上述过程，取款活动图如图 12-23 所示。

(4) 转账活动图。

具体的活动过程描述如下。首先，系统提示输入用户的相关信息和转账金额。然后，银行职员将相关信息输入后，提交系统，判断账户是否存在且有效，账户中的金额是否大于转账金额。如果账户存在并有效，同时金额足够，则建立交易记录，同时修改账户金额，保存交易记录。接下来，判断转入账户是否属于同一银行。如果是同一银行，系统先确认转入账户是否存在并有效。如有效则更新账户相关信息，建立转账记录，并保存转账记录。如果转入和转出账户不是同一银行，则发送转账通知给另一个银行。根据上述过程，转账活动图如图 12-24 所示。

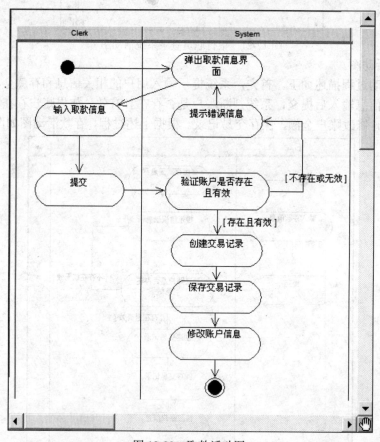

图 12-23　取款活动图

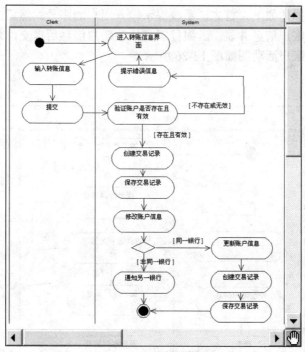

图 12-24　转账活动图

(5)创建账户活动图。

具体的活动过程描述如下。首先，系统提示输入用户的相关信息。然后，银行职员输入相关信息后提交。最后，系统为客户创建账户，并将账户信息保存到数据库中。根据上述过程，创建账户活动图如图 12-25 所示。

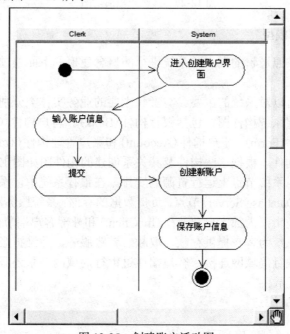

图 12-25　创建账户活动图

(6)修改账户活动图。

具体的活动过程描述如下。首先，系统提示输入用户的账号。然后，银行职员输入账号后提交。系统查询该账户信息并显示。银行职员修改账户信息后提交，系统更改账户信息。根据上述过程，修改账户活动图如图 12-26 所示。

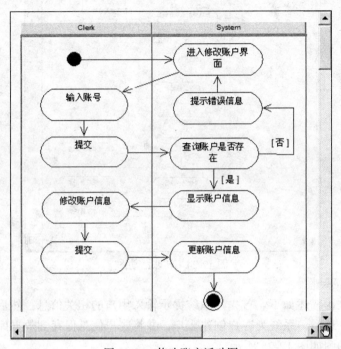

图 12-26　修改账户活动图

12.2.4　创建系统部署模型

前面的模型都是按照逻辑的观点对系统进行的概念建模，下面通过构件图和部署图说明系统的实现结构。

在银行系统中，可以对系统的主要参与者和主要的业务实体类分别创建对应的构件并进行映射。根据类图创建系统构件图，包括银行构件(Bank)、客户构件(Customer)、银行职员构件(Clerk)、界面构件(Form)、账户构件(Account)和账户管理构件(Transaction)。除此之外，还必须有一个主程序构件。根据这些构件及其关系创建的构件图如图 12-27 所示。

部署图描绘的是对系统节点上运行资源的安排。在银行系统中，系统包括四种节点，分别是：数据库服务器(Database Server)节点，负责数据的存储；系统服务器(Bank Server)节点，用于处理系统的业务逻辑；内部客户端节点(In Client)和外部客户端节点(Out Client)，银行职员通过客户端登录系统为客户提供存款、取款、转账服务，并维护账户信息。数据库服务器与系统服务器通过银行局域网连接，客户端通过银行局域网与系统服务器连接。银行系统的部署图如图 12-28 所示。

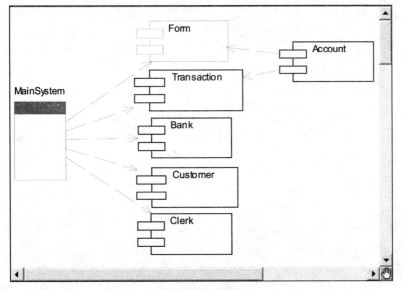

图 12-27　构件图

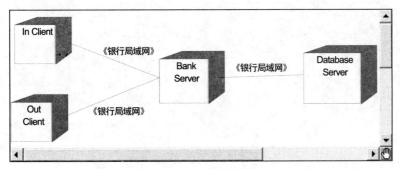

图 12-28　系统部署图

12.3　总　　结

本章以"银行系统"的面向对象分析与设计过程为例,介绍了如何用 UML 语言为系统建模。在本章中,通过四个方面为银行系统建模,分别是系统的用例模型、系统的静态模型、系统的动态模型以及系统的部署模型。使用用例图描述系统的需求,使用类图和对象图进行系统静态模型的创建,使用活动图、状态图对系统的动态模型进行建模,最后通过构件图和部署图完成了系统结构的实现。

希望读者在学完本案例后,能够根据上述建模的一般步骤,分析和创建一般系统的模型,并能在实际项目中灵活地使用所学到的知识。